职业教育课程创新精品系列教材

电子产品装配及工艺

主　编　周丽琴　俞　华　雷艳秋
副主编　叶远坚　玉　河　肖　郑
参　编　谢　彤　余　鹏　吴昊鹏
主　审　叶　丽　谢祥强

北京理工大学出版社
BEIJING INSTITUTE OF TECHNOLOGY PRESS

内 容 简 介

本书立足于实践和应用能力的培养，全书共设计 8 个教学项目，项目一为常用电子元器件的识别与检测，项目二为电子元器件手工焊接工艺认识及手工焊接技能训练，项目三为直流稳压电源的制作，项目四为三极管放大电路的应用，项目五为晶闸管可控整流电路的制作，项目六为三人表决器电路的制作，项目七为两位按键计数器的制作，项目八为小型扩音器的制作。

本书融图、表、文于一体，循序渐进地安排了与日常生活贴近的电子产品装配电路，实用性、趣味性、针对性强，通俗易懂，易于学生理解与操作。

本书可作为职业院校自动化类、电子信息类等专业学生学习电子产品装配工艺的实训教材，也可供有关电工电子技术人员参考。

版权专有　侵权必究

图书在版编目（CIP）数据

电子产品装配及工艺/周丽琴，俞华，雷艳秋主编. —北京：北京理工大学出版社，2023.7重印

ISBN 978-7-5763-0331-5

Ⅰ.①电… Ⅱ.①周…②俞…③雷… Ⅲ.①电子产品—装配（机械）—工艺学 Ⅳ.①TN605

中国版本图书馆CIP数据核字（2021）第186620号

出版发行 / 北京理工大学出版社有限责任公司	
社　　址 / 北京市海淀区中关村南大街 5 号	
邮　　编 / 100081	
电　　话 /（010）68914775（总编室）	
（010）82562903（教材售后服务热线）	
（010）68944723（其他图书服务热线）	
网　　址 / http://www.bitpress.com.cn	
经　　销 / 全国各地新华书店	
印　　刷 / 定州市新华印刷有限公司	
开　　本 / 889 毫米 × 1194 毫米　1/16	
印　　张 / 14.5	责任编辑 / 陆世立
字　　数 / 305 千字	文案编辑 / 陆世立
版　　次 / 2023 年 7 月第 1 版第 2 次印刷	责任校对 / 周瑞红
定　　价 / 38.00 元	责任印制 / 边心超

图书出现印装质量问题，请拨打售后服务热线，本社负责调换

前言

本书是职业院校自动化类、电子信息类等专业学生学习电子产品装配及工艺的基础教材。本书以培养技术技能型人才为目标，本着"淡化理论、够用为度、培养技能、重在应用"的原则，以典型工作任务为载体，采用任务式教学，指导学生掌握电子产品装备工艺、常用电子元器件、常用电子电路的基本知识和基本技能，提高学生对电子产品装配及工艺课程的兴趣和加深对知识及技能的理解，培养学生认真、严谨的职业素养，以及团队合作的精神，为学习后续专业核心课程奠定良好的基础。

本书突出"做中教、做中学"的职业教育特点，强调"先做后学，边做边学"，重视学生的基本技能训练。在学习项目的选取上，紧密结合生活实际，以培养学生的电子应用能力为目的，共设计 8 个实训项目、12 个任务，任务具有可操作性和可行性，内容安排合理。每个任务都配有非常直观的实物连接图和实际操作的图片，列出了元器件清单，扫描二维码还可以获得成品的演示动画，直观明了，不易出错，让学生更易于理解和操作。

本书删减了理论公式的推导和计算分析等内容，使学习内容项目化、任务化，简单易学；使学生能够快速入门，越学越有兴趣。本书参考学时为 72 学时，建议采用任务驱动式教学模式，各单元的参考学时见下面的学时分配表。

项目	任务	课程内容	学时
项目一	任务 1-1	认识电子线路焊接实训场所	2
	任务 1-2	常用电子元器件的识别与检测	4
项目二		电子元器件手工焊接工艺认识及手工焊接技能训练	4
项目三	任务 3-1	整流电路和滤波电路的制作	4
	任务 3-2	稳压管并联型稳压电路的制作	6
	*任务 3-3	三极管串联型稳压电路的制作	4

续表

项目	任务	课程内容	学时
项目四	任务 4-1	基本放大电路的制作	4
	任务 4-2	花盆缺水报警器的制作	4
	任务 4-3	高灵敏光控 LED 灯的制作	4
	任务 4-4	声控 LED 闪灯的制作	4
	任务 4-5	触摸声光电子门铃的制作	4
	*任务 4-6	触摸开关 LED 灯的制作	4
	*任务 4-7	水满声光报警器的制作	4
项目五		晶闸管可控整流电路的制作	6
项目六		三人表决器电路的制作	4
项目七		两位按键计数器的制作	4
项目八		小型扩音器的制作	6
合计			72

说明：标记"*"的为选修内容

本书由广西电力职业技术学院教师周丽琴、俞华，河池市职业教育中心学校雷艳秋担任主编，俞华、周丽琴共同策划全书内容及组织结构；南宁职业技术学院教师叶远坚，广西电力职业技术学院玉河、肖郑担任副主编；广西工业职业技术学院谢彤、余鹏，广西核能电力有限责任公司昭平水电厂吴昊鹏担任参编。其中周丽琴编写项目六、任务实施工作页；俞华编写项目一（任务1-2）、项目三、项目四；雷艳秋编写项目七；叶远坚编写项目二；玉河编写项目五；肖郑编写项目一（任务1-1）、同步练习；谢彤、余鹏、吴昊鹏编写项目八及制作本书课件。全书统稿工作由俞华完成。广西电力职业技术学院叶丽、谢祥强副教授负责全书的主审工作。本书在编写过程中得到老盛林教授的大力支持与帮助，在此表示诚挚的感谢！

由于编者能力有限，编写时间仓促，书中难免有错漏和欠妥之处，恳请广大读者批评指正。

编　者
2021 年 3 月

目录

项目一 常用电子元器件的识别与检测 ················· 1
  任务 1-1 认识电子线路焊接实训场所 ················· 1
  任务 1-2 常用电子元器件的识别与检测 ················· 4

项目二 电子元器件手工焊接工艺认识及手工焊接技能训练 ················· 34
  任务 电子元器件手工焊接工艺认识及手工焊接技能训练 ················· 35

项目三 直流稳压电源的制作 ················· 50
  任务 3-1 整流电路和滤波电路的制作 ················· 50
  任务 3-2 稳压管并联型稳压电路的制作 ················· 56
  *任务 3-3 三极管串联型稳压电路的制作 ················· 60

项目四 三极管放大电路的应用 ················· 68
  任务 4-1 基本放大电路的制作 ················· 69
  任务 4-2 花盆缺水报警器的制作 ················· 77
  任务 4-3 高灵敏光控 LED 灯的制作 ················· 80
  任务 4-4 声控 LED 闪灯的制作 ················· 85
  任务 4-5 触摸声光电子门铃的制作 ················· 90
  *任务 4-6 触摸开关 LED 灯的制作 ················· 95
  *任务 4-7 水满声光报警器的制作 ················· 99

项目五　晶闸管可控整流电路的制作 …… 104
　　任务　晶闸管可控整流电路的制作 …… 104

项目六　三人表决器电路的制作 …… 113
　　任务　三人表决器电路的制作 …… 113

项目七　两位按键计数器的制作 …… 123
　　任务　两位按键计数器的制作 …… 123

项目八　小型扩音器的制作 …… 131
　　任务　小型扩音器的制作 …… 131

参考文献 …… 137

项目一

常用电子元器件的识别与检测

知识目标

- ◆ 了解电子线路焊接实训室的 8S 管理和学生守则。
- ◆ 掌握常用电子元器件的电路符号及外形结构。
- ◆ 掌握常用电子元器件参数的识别。
- ◆ 掌握常用电子元器件的检测方法。

技能目标

- ◆ 能按 8S 管理要求整理、整顿、清扫和清洁实训场所。
- ◆ 能够识别电阻器、电位器、电容器、二极管、三极管、单结晶体管、晶闸管等元器件。
- ◆ 能够使用万用表检测电阻器、电位器、电容器、二极管、三极管、单结晶体管和晶闸管等元器件。
- ◆ 能够通过实训操作掌握电子元器件的质量检测、分析的能力。

任务 1-1　认识电子线路焊接实训场所

知识树

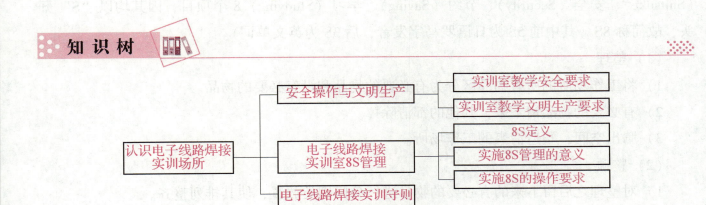

任务相关知识

一、安全操作与文明生产

安全，贯穿于人们的学习、生产和生活的全过程，形成良好的安全与文明生产习惯，是幸福生活的保障。

1. 实训室教学安全要求

1）穿实训服，严禁穿背心、短裤上课。

2）穿运动鞋或皮鞋，严禁穿凉鞋、拖鞋上课。

3）辨识总电源开关箱、消防设施、门窗通道等。

4）能够服从管理，听从指挥。不随便触碰运行中的设备。未经允许，不得擅自使用工具仪器和设备，严禁私自通电启动仪器设备。

5）一旦发现安全隐患，须立即处理或报告老师处理。

6）一旦发生安全事故，保持冷静，视情况立即报警或报告老师。能够自行处理的，立即处理（如切断电源/气源、使用灭火器灭火等），并组织在场人员有序撤离危险区域；不能自行处理的，远离危险源，立即报警并报告老师。

2. 实训室教学文明生产要求

1）三不违反：不违章指挥，不违章作业，不违反劳动纪律。

2）三不伤害：不伤害自己，不伤害他人，不被他人伤害。

3）三不落地：油不落地，水不落地，物（工具、零件）不落地。

4）四清洁：双手清洁，零件清洁，工具清洁，场地清洁。

二、电子线路焊接实训室 8S 管理

1. 8S 定义

8S 就是整理（Seiri）、整顿（Seiton）、清扫（Seiso）、清洁（Seiketsu）、素养（Shitsuke）、安全（Security）、节约（Saving）、学习（Studying）8 个项目，因其均以"S"开头，故简称 8S（其中前 5S 为日语罗马字发音，后 3S 为英文单词）。

（1）整理

1）将工作场所的所有物品区分为有必要的物品和没有必要的物品。

2）有必要的物品留下来，其他的都清除掉。

3）腾出空间，塑造清爽的工作场所。

（2）整顿

1）对整理之后留下来的有必要的物品进行分门别类放置，使其排列整齐。

2）明确物品数量，并进行有效的标识区分。

3）工作场所一目了然，减少寻找物品的时间，创造整齐的工作环境。

（3）清扫

1）将设备等工作场所内看得见与看不见的地方都清扫干净。

2）保持工作场所干净、亮丽的环境。

（4）清洁

将整理、整顿、清扫进行到底，并且制度化、规范化，贯彻执行并维持结果。

（5）素养

实训现场的动态管理，能够使每位学生养成良好的习惯，并遵守规则操作，培养学生积极主动的精神，营造团队精神。

（6）安全

重视学生安全教育，让学生每时每刻都有安全第一的观念，保证学生的实验、实训课安全进行，同时减少因安全事故带来的人身伤害和经济损失，防患于未然。

（7）节约

对时间、能源等合理利用，减少元器件库存消耗，养成降低成本的习惯，加强学生节约的意识教育，从而创造一个高效率，物尽其用的实训场所。

（8）学习

学习各项专业技术知识，从实践和书本中获取知识，同时不断地向老师和同学学习。

2. 实施8S管理的意义

实训室通过实施8S管理，有利于创造一个整洁、舒适和安全的实训环境；有利于提高实训的教学效率；有利于降低实训成本，减少浪费，提高设备维护和保养水平；有利于提升学生职业素养，培养学生遵守规定、执行规范的意识，增强学生的责任意识，养成凡事都要认真的习惯，自觉维护工作环境的整洁和养成文明礼貌的良好习惯，使实验室的管理更加规范化、制度化、现代化、专业化。

3. 实施8S的操作要求

学生第一天进入实训室训练，必须集中进行规范化、标准化、严格化的教育。

（1）课前

要求学生提前5 min到达实训室，并按规定座位就座。严禁将与教学实训无关的物品带入实训室（特别是食品、饮品等）。教师检查出勤情况并填写实训记录本。

（2）课中

严格遵守实训室守则，详见电子线路焊接实训室守则，同时教师要求学生阅读守则。教师安排实训任务，指导学生实训，并考核学生实训情况。

（2）课终

学生提前10 min整理实训台，对实训情况进行自评和互评。教师对实训的情况、存在的问题，课堂的纪律情况、文明行为和安全操作情况进行总结，并指定学生打扫实训室。

三、电子线路焊接实训守则

学生在实训过程中，应保证自身的人身安全、设备安全，爱护国家财产，培养严谨的科学作风。为此，应遵守下列守则。

1）尊重和服从实训指导教师的统一安排，按学号顺序就座。

2）不迟到、不早退、不旷课。

3）保持实训室整洁，课堂上不做与实训无关的事情（如吃东西、听音乐或看其他书籍、玩手机、喧哗、乱扔杂物、嬉戏打闹等），不得在实训台上乱写乱画，应保持实训台面清洁干净，创造安静的实训环境。

4）妥善保管和正确使用实训工具和仪表，按实训记录本的要求填写和检查本组仪器是否齐全完好，如有缺损，应报告指导教师处理。未经允许不得随意挪用别组仪器。

5）每次实训结束后应清点仪器工具，填写好实训记录本，请指导教师审查，教师现场确认并签字后，方可离开实训室。

6）严格执行卫生值日制度，值日组的同学应将桌面、地板擦拭干净，仪器、椅子摆放整齐。

7）损坏公物应赔偿。

任务 1-2　常用电子元器件的识别与检测

知识树

任务描述

1）通过对常用电子元器件实物的观察，能识别各种电子元器件，能说出它们的名称。例如电阻（包括碳膜电阻、金属膜电阻、光敏电阻、可变电阻器等）；电容（包括电解电容、瓷片电容、独石电容等）、二极管（包括整流二极管、稳压二极管等）；发光二极管（包括小直径和大直径，白光、红光、绿光、黄光、蓝光二极管等）；三极管（包括金属封装大功率三极管、塑封小功率三极管等）；晶闸管、单结晶体管；蜂鸣器、传声器等。

2）对于电阻，可以通过直接读取色环参数来确定电阻的阻值；对于电容，可以通过数值参数来确定具体的容量值；对于二极管和三极管，可以通过参数来确定管子的性能和使用情况。

3）使用万用表的电阻挡、电容挡、二极管挡和三极管挡等可分别测试各类电子元器件的参数以及元器件的性能状况。

任务相关知识

一、万用表的使用方法

万用表是一种多用途、多量程的携带式仪表，常用来测量直流电流、直流电压、交流电流、交流电压、电阻等，有些万用表还可对电感、电容以及晶体二极管、三极管的部分参数进行测量，是电气设备检修、试验和调试等工作中常用的测量工具。

1. 指针式万用表

（1）指针式万用表结构

指针式万用表由测量机构（表头）、测量电路和转换开关3个主要部分组成。

1）测量机构（表头）是一个磁电式仪表，用以指示被测量的数值。万用表性能很大程度上取决于其表头的灵敏度，灵敏度越高，其内阻就越大，万用表的性能就越好。

2）测量电路是用来把各种被测量转换成适合表头测量的微小直流电流。其电路组成包括分压电阻、分流电阻、半导体整流器（测交流电流时用）和干电池等，只有将它们与表头进行适当配合，才能使用一个表头进行多种被测量和多量程的测量。

3）转换开关是用来选择各种不同的测量电路，以满足不同量程的测量要求的。当转换开关处在不同位置时，其相应的固定触点就闭合，此时万用表就可执行各种不同的量程来测量。图1-1为（某MF47型）指针式万用表外形图。

图 1-1　（某 MF47 型）指针式万用表外形图

1—10 A 电流插孔；2—2 500 V 电压插孔；3—转换开关；4—电阻调零旋钮；
5—万用表型号；6—表盘刻度表；7—支架/提手；8—表针；
9—机械调零旋钮；10—三极管插孔；11—"+"插孔；12—"-"插孔

（2）使用前的准备

1）机械调零。万用表经外观检查合格后，将其水平放置，检查指针是否指在零位，若不在零位，则调整中间的机械调零旋钮，使指针指到零位。

2）接好表笔。将红色表笔接到表体"+"插孔内，黑色表笔接到表体"-"插孔内。

3）熟悉刻度盘的标度尺。

万用表刻度盘有很多条标度尺，分别适用于测量不同的被测对象，如图 1-2 所示。常用的万用表刻度盘有电阻、交直流电压、直流电流等刻度线，分别测量不同的参数，不能混淆。

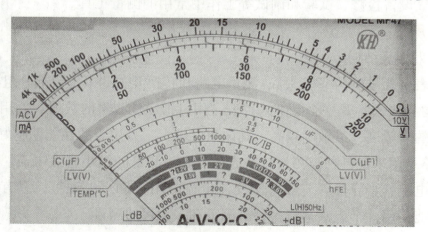

图 1-2　万用表刻度盘

①测量电阻时，应读取最上方的标有"Ω"的第一条标度尺上（由上至下）的数字，然后乘以转换开关的挡位数。该条刻度线的数值呈非线性分布排列且左侧刻度为"∞"（无穷大）、右侧刻度为"0"值，测量时若指针向左偏转越多，则被测电阻值越大。例如，指针指向第 1 条刻度值"10"，转换开关挡位为 $R\times100$，则此时被测电阻阻值为 $R = 10\ \Omega \times 100 = 1\ 000\ \Omega$；

若指针指向第1条刻度最右边"0"刻度值,则此时被测电阻阻值为0 Ω,即此时电路处于短接状态。

②测量交直流电压(交流10 V除外)和直流电流时,应读取标有"V̱""mA"的第3条标度尺上的数字。该条刻度线的数值近似呈线性分布,若指针向右偏转越多,则被测数值越大。测量时,指针的满刻度值等于对应挡位的数值。例如,用MF47型万用表测量时,如转换开关置于500 V挡位,指针偏转至满刻度位置,则被测数值为500 V;如指针偏转至1/2刻度位置,则被测数值为250 V。

③测量交流电压(10 V)时,应读取标有"ACV""10 V̱"的第2条红色的刻度线,表示该刻度线是交流10 V专用刻度线。只有万用表挡位放在交流10 V时,才能用该刻度线读数。

(3)指针式万用表的使用方法

1)电阻的测量。将转换开关拨至标有"Ω"符号的相应量程挡位上。测量前须进行欧姆调零,即将红黑两根表笔短接(搭在一起),此时指针应指在"0"刻度位置上。如果指针不指向"0"刻度,则旋转表盘的"电阻调零旋钮"进行校正,指零后再将两表笔分开去测量待测电阻,测量电阻时表笔不分"+""-",可各接电阻的一端。每换一挡量程,都要重新进行欧姆调零。如果旋转电阻调零旋钮时指针不能调到"0"刻度上,则说明表内电池电量不足,应进行更换。

①为了提高测量的准确度,应尽量使指针偏转至刻度尺的中间段。最好不使用刻度左边1/3的部分,因为这部分刻度密集,读数误差较大。表盘上×1、×10、×100、×1 k、×10 k的符号表示倍率数,将表头指针的读数乘以所选择的倍率数,就是所测电阻的阻值。对于不知道阻值的电阻,测量时可先选用中等倍率挡(如×100)进行试测。

②不能在通电状态下测量电阻,否则会烧坏万用表。被测电阻不能有并联支路,应与线路脱离,以保证测量的准确性。在测量高电阻(>10 kΩ)时,应注意不要用手同时接触两表笔的金属部分,以免形成与人体的并联电路,从而影响测量结果。

2)直流电压的测量。将转换开关拨至标有"DCV"直流电压的相应量程挡位上。测量直流电压时,应把万用表与被测电路并联,并注意"+""-"极不要接反,红色表笔接正(+)极,黑色表笔接负(-)极,以免指针倒转损坏万用表。如果预先不知被测电压的正、负极,应置于较高量程挡,用表笔快速碰一下被测电路,观察指针的摆动,从而确定被测电压的正、负极性。若已知被测电压的数值,则可选择大于并接近它的那个量程;若不知被测电压的数值,则可选择最大的量程测量,初步测试后,再逐步换到适当的量程,一般使被测值达到量程的1/2~2/3范围内为宜。

3)直流电流的测量。将转换开关拨至标有"DCmA"直流电流的相应量程挡位上。测量时应将表笔串接在被测电路之中,红色表笔接正(+)极,黑色表笔接负(-)极。量程的选择方法与测量直流电压时相同。

4)交流电压的测量。将转换开关拨至"ACV"交流电压的相应量程挡位上,测量方法与测量直流电压相似,但不必分极性。测量250 V及以上的电压时,应注意安全,最好养成一只手操作的习惯，另一只手不要触摸被测设备。有的表能测 1 000 V 以上的高压，测量高电压时应使用专门测高压的表笔，并使用绝缘手套、绝缘垫等安全保护工具，确保人身安全。

（4）指针式万用表的使用注意事项

1）转换开关位置应选择正确。选择测量种类时，要特别细心，若误用电流挡或电阻挡测量电压，轻则烧毁保险丝，重则烧毁表头。每次测量前都应检查挡位是否正确。要养成习惯，决不能拿起表笔就测量。因为错用电阻或电流挡去测量电压时，会烧坏内部电路和表头。选择量程时也要适当，测量时尽量使指针在量程的 1/2～2/3 范围内，读数才较为准确。

2）端钮或插孔选择要正确。红色表笔应插入标有"+"号的插孔内，黑色表笔应插入标有"-"号的插孔内。在测量电阻时，注意万用表内干电池的正极与面板上的"-"号插孔相连，干电池的负极与面板上的"+"号插孔相连。

3）不能带电测量电阻。当测量电阻时，必须断开被测电路的电源。决不能在带电的情况下用万用表的"Ω"挡测量电阻值，否则可能会烧坏万用表。

4）测量电路的连接。测量电压时表笔与被测电路并联，测量电流时表笔与被测电路串联；测量电阻时，表笔与被测电阻的两端相连；测量晶体管、电容等时应将其引出线插入面板上的指定插孔内。

5）根据被测对象选择正确的刻度线读数。万用表的表盘上有多条刻度线，应根据不同的测量对象，选择正确的刻度线读数。同时要注意刻度线与量程挡的配合，从而得到正确的测量值。标有"DC"或"−"符号为测量直流时使用；标有"AC"或"~"符号为交流时使用；标有"Ω"符号为测量电阻时使用。

6）注意安全。用万用表测量高电压或大电流时，不得带电转动万用表上的旋钮，以保证人身安全。不要用手触摸表笔的金属部分，以防触电。

7）测量完毕后，应将转换开关转至交流电压最高挡或空挡。若长期不用，应将表内电池取出，以防止干电池损坏后腐蚀其他元件。

2. 数字万用表

数字万用表是综合了电子技术和微计算机技术的仪表，它采用液晶显示屏直接显示被测数值，具有较高的灵敏度和准确度，读数直观、测量范围广、测量功能多、测量速度快、过载能力强等特点，因而得到广泛的应用。

数字万用表面板部分包括显示屏、电源开关、功能和量程选择开关、输入插孔、输出插孔等，常见的数字万用表如图 1-3 所示。

数字万用表的使用方法（以某 VC890D 为例）。

（1）使用前的准备

将黑表笔插入"COM"插孔内，红表笔插入相应被测量

图 1-3 常见的数字万用表

的插孔内，然后将转换开关转至被测种类区间内并选择合适的量程，量程选择的原则和方法与指针式万用表相同。

（2）直流电流、交流电流的测量

将黑表笔插入"COM"插孔内，红表棒插入"mA"插孔内（最大量程为 200 mA）或红表笔插入"20 A"插孔内（最大量程为 10 A）。测量直流电流时将转换开关转至相应的"A-"挡位上，测量交流电流时将转换开关转至相应的"A~"挡位上，然后将仪表串入被测电路中，被测电流值及红表笔点的电流极性将同时显示在数字万用表的液晶显示器上。

注意事项：

1）如果事先对被测电压范围没有概念，应将转换开关转到最高挡位，然后根据显示的数值转至相应挡位上；

2）如果在高位显示"1"，则表明已超过量程范围，需将转换开关转至较高挡位上；

3）最大输入电流为 200 mA 或 20 A（视红表笔插入位置而定），如果测量过大的电流就会将熔丝熔断。

（3）直流电压、交流电压的测量

当测量直流电压时，将红表笔连线插入"V/Ω"插孔内，黑表笔连线插在"COM"插孔内，将量程开关转至"V-"区间内，并选择适当的量程，通过两表笔将仪表并联在被测电路两端，显示屏上便显示出被测数值。一般直流电压挡有 200 mV、2 V、20 V、200 V、1 000 V 等，当选择 200 mV 挡时，显示的数值以 mV 为单位；当置于其他 4 个直流电压挡时，其显示的数值均以 V 为单位。测量直流电压和电流时，不必像指针式万用表那样考虑"+""-"极性问题，若被测电流或电压的极性接反，其显示的数值前会出现"-"号。

当测量交流电压时，将量程开关转至"V~"区间的适当量程上，表笔所在插孔及具体测量方法与测量直流电压时相同。

（4）电阻的测量

将红表笔插入"V/Ω"插孔内，黑表笔插入"COM"插孔内，将量程开关转至"Ω"区间内，并选择适当的量程，便可进行测量。要注意的是，数字万用表红表笔的电位比黑表笔的电位高，即红表笔为"+"极，黑表笔为"-"极，这一点与指针式万用表正好相反，测量时要注意显示值的单位与"Ω"区间内各量程上所标明的单位（Ω、kΩ、MΩ）要相对应。

（5）二极管的测量

将红表笔插入"V/Ω"插孔内，黑表笔插入"COM"插孔内，将量程开关转至标有二极管符号的挡位，即可进行测量。将红表笔接二极管的负极，黑表笔接二极管的正极，显示屏显示二极管的正向压降（以 V 为单位）。如果显示屏仅出现"1"（溢出标志），则说明两表笔接反，应将两表笔调换后再测。若调换后，仍显示"1"或两次测量均有电压值为零，则说明二极管已损坏。

（6）测量三极管 hFE

根据三极管是 PNP 型还是 NPN 型（可利用测量二极管和电阻的方法判断），把三极管的管脚插入 hFE 的相应插孔内，显示屏上就会有 hFE 的数值显示。如果显示屏仅出现"1"（溢出标志），则说明测量顺序有问题或三极管已坏。

（7）检查电路的通断情况

将量程开关转至标有符号"）））"的挡，表笔插孔位置和测量电阻时相同。让两表笔分别触及被测电路两端，若仪表内的蜂鸣器发出蜂鸣声，则说明电路接通（两表笔间电阻小于 70 Ω）；反之，则表明电路没有接通，或接触不良。必须注意的是，被测电路不能带电，否则会误判或损坏万用表。

使用时须注意的问题如下。

1）数字万用表测量时，显示屏上的数值会有跳数现象，这是正常的，应当待显示数值稳定后（1~2 s）才能读数。另外，被测元器件的引脚因日久氧化或有锈污，可能造成被测元件和表笔之间接触不良，显示屏会出现长时间的跳数现象，无法读取正确测量值。这时应先清除被测元器件引脚的氧化层和锈污，待表笔接触良好后再测量。

2）测量时，如果显示屏上只有"半位"上的读数 1，则表示被测数值超出所在量程范围（二极管测量除外），称其为溢出。这时说明量程选得太小，可换高一挡量程后再测试。

3）转换量程开关时动作要慢，用力不要过猛。在开关转换到位后，再轻轻地左右拨，特别是在测量高电压、大电流的情况下，以防产生电弧烧坏量程开关。

4）测 10 Ω 以下的精密小电阻时（200 Ω 挡），先将两表笔金属端短接，测出表笔电阻（约 0.2Ω），然后在测量结果中减去这一数值。

5）万用表是按正弦量的有效值设计的，不能用来测量非正弦量。只有采用有效值转换电路的数字万用表才可以测量非正弦量。

二、电阻器的分类与标注

电阻器简称电阻，它是电子线路中应用较多的元件之一。它不仅可以单独使用，还可以和其他元器件一起构成各种功能的电路，在电路中主要的作用是"降压限流"，起到稳压或调节电流、电压的作用。

1. 电阻器的分类

1）按制作材料的不同，电阻器可分为金属膜电阻器、碳膜电阻器、合成膜电阻器等。
2）按数值的不同，电阻器可分为固定电阻器、微调电阻器、电位器等。
3）按用途不同，电阻器可分为高频电阻器、高温电阻器、光敏电阻器、热敏电阻器等。
电阻器的种类很多，图 1-4 所示是本门课程项目任务要用到的几种电阻器实物。

项目一 常用电子元器件的识别与检测

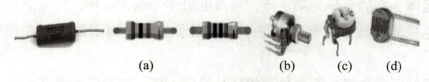

图 1-4 几种电阻器实物

（a）普通电阻器；（b）带开关电位器；（c）微调电位器；（d）光敏电阻

2. 电阻器的标注方法

（1）直标法

直标法是将电阻器的标称值用数字和文字符号直接标在电阻体上，其允许偏差用百分数表示，未标偏差即为±20%的允许偏差，如图1-5所示。"WXD3-13-2 W 10 k±5%"所表示的含义为：WXD3表示型号（多圈电位器）、13表示类型、2 W表示功率、10 k表示该电阻的标称阻值为10 kΩ、±5%表示精度（误差）。

（2）文字符号法

文字符号法是将电阻器的标称值和允许偏差值用数字和文字符号法按一定的规律组合标志在电阻体上，如图1-6所示。"RX21-5W 150RJ"所表示的含义为：RX21表示型号，5W表示功率，150RJ中的150表示该电阻的标称值为150 Ω、R表示欧姆（Ω）、J表示允许±5%误差。

图 1-5 直标法

图 1-6 文字符号法

（3）数码标示法

微调电阻器在元器件和电路图上用3位数字来表示元件的标称值的方法称为数码标示法。该方法常见于贴片电阻或进口器件上。在3位数字中从左至右的第1、第2位为有效数字，第3位表示有效数字后面所加"0"的个数（单位为Ω），如果阻值中有小数点，则用"R"表示，并占一位有效数字，如图1-7所示。

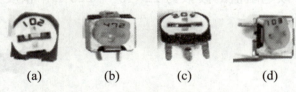

图 1-7 数码标示法

（a）102；（b）204；（c）103；（d）472；

读数为

102 电阻值为 $10×10^2$ = 1 kΩ   204 电阻值为 $20×10^4$ = 200 kΩ

103 电阻值为 $10×10^3$ = 10 kΩ   472 电阻值为 $47×10^2$ = 4.7 kΩ

（4）色标法

电阻的阻值除了上面介绍的3种标注方法外，也常以色环来表示。普通的电阻用四色环表示，精密电阻用五色环表示。

色环电阻器识读技巧：

1）紧靠电阻体一端的色环为第一环，远离电阻体一端为末环；

2）金、银色只能出现在色环的第三、四位的位置上，而不能出现在色环的第一、第二位上；

3）从色环间的距离来看，距离最远的环是最后一环，即允许偏差环；

4）若均无以上特征，且能读出两个电阻值，则可根据电阻的标称系列标准：若在其内，则识读顺序正确；若两者都在其中，则只能借助万用表来加以识别。

（5）色环电阻器的识读（色标法）

颜色和数字的对应关系如表1-1所示。

表1-1　颜色和数字的对应关系

颜色	棕	红	橙	黄	绿	蓝	紫	灰	白	黑
数字	1	2	3	4	5	6	7	8	9	0

此外，还有金、银两个颜色要特别记忆，它们在色环电阻中处于不同的位置有不同的数字含义。

1）四环电阻的识读。四环电阻的识读如表1-2所示。

表1-2　四环电阻的识读

第一环	第二环	第三环	第四环
有效数字1	有效数字2	×10的幂数（有效数字后0的个数）	精度：金±5%；银±10%；无±20%

示例：如图1-8所示为四色环电阻。

该电阻值的读数为 $22 \times 10^1 = 220\ \Omega$，精度为±5%。

图1-8　四色环电阻

2）五环电阻的识读。五环电阻的识读如表1-3所示。

表1-3　五环电阻的识读

第一环	第二环	第三环	第四环	第五环
有效数字1	有效数字2	有效数字3	×10的幂数（有效数字后0的个数）	精度：棕±1%；红±2%；绿±0.5%；蓝±0.25%；紫±0.1%；金±5%；银±10%；无±20%

对于幂指数环，金表示 10^{-1} 即×0.1；银表示 10^{-2}，即×0.01。

示例：图 1-9 所示为五色环电阻，该电阻的读数为 $100×10^2 = 10\ \text{k}\Omega$，精度为±5%。

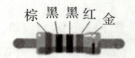

图 1-9　五色环电阻

3）四色环电阻、五色环电阻与数值对照表的读取方法。四色环电阻、五色环电阻与数值对照表的读取方法如表 1-4 所示。

表 1-4　四色环电阻、五色环电阻与数值对照表的读取方法

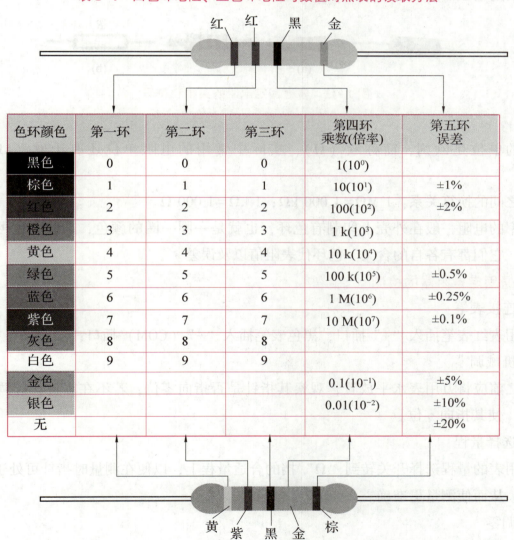

色环颜色	第一环	第二环	第三环	第四环 乘数(倍率)	第五环 误差
黑色	0	0	0	$1(10^0)$	
棕色	1	1	1	$10(10^1)$	±1%
红色	2	2	2	$100(10^2)$	±2%
橙色	3	3	3	$1\ \text{k}(10^3)$	
黄色	4	4	4	$10\ \text{k}(10^4)$	
绿色	5	5	5	$100\ \text{k}(10^5)$	±0.5%
蓝色	6	6	6	$1\ \text{M}(10^6)$	±0.25%
紫色	7	7	7	$10\ \text{M}(10^7)$	±0.1%
灰色	8	8	8		
白色	9	9	9		
金色				$0.1(10^{-1})$	±5%
银色				$0.01(10^{-2})$	±10%
无					±20%

示例：图 1-10 所示为示例电阻。

图 1-10（a）的电阻读数为 $22×10^0 = 22\ \Omega$，精度为±5%。

图 1-10（b）的电阻读数为 $470×10^{-1} = 47\ \Omega$，精度为±1%。

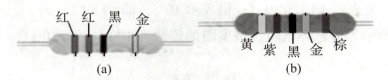

图 1-10　示例电阻

(a) 例 1；(b) 例 2

三、固定电阻器的识别与检测方法

1. 固定电阻器的识别

普通固定电阻器的实物和符号如图 1-11 所示，用字母 R 表示。

图 1-11　普通固定电阻的实物和符号

(a) 外观；(b) 符号

电阻的单位是欧姆，简称欧（Ω），实际中常用的电阻单位还有千欧（kΩ），兆欧（MΩ）。

它们之间的换算关系：1 MΩ＝1 000 kΩ；1 kΩ＝1 000 Ω。

小功率的电阻一般在外壳上印制有色环，也就是一圈一圈的颜色，这些颜色可不是随便画上去的，它们都有各自的含义。色环代表阻值以及误差。

2. 普通固定电阻器的检测

（1）连接表笔

将万用表红表笔插入"＋"插口，黑色表笔插入"－"（COM）插口；

（2）机械调零

测量之前应将万用表水平放置，观察其指针是否指向零位，若不在零位，应调整"机械调零旋钮"使其指向零位。

（3）选择量程

将万用表的量程选择开关转到"Ω"挡的合适量程上，以便在测量时指针可处于刻度线的中间区域，从而使测量更准确。

（4）调零

将万用表的红、黑两支表笔短接后，调节电阻调零旋钮，使指针在欧姆刻度线的零位上，而且在每换一个量程测量时都要重新调零。

（5）测量

右手握着两支表笔，将表笔跨接在被测点两端，如图 1-12（a）所示。禁止两只手抓住表笔的金属部分，如图 1-12（b）所示，这种测量方法会将人体电阻与被测电阻并联，在测量电阻并且要求测量精度较高时,不仅会造成较大的误差,甚至会比通过读取电阻表面的色环得到的误差还要大。

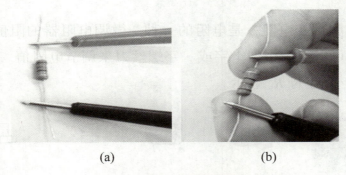

图 1-12　电阻的测量
(a) 电阻正确测法；(b) 电阻错误测法

(6) 读数

正视万用表面板,读出指针在欧姆刻度线上所指读数。该读数与所选量程的倍率相乘,即可得到实际的电阻值,如图 1-13 所示。

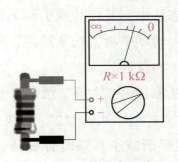

图 1-13　电阻的识读

四、微调电阻器和开关电位器的识别与检测方法

1. 两种可调电位器的特点与差异

1) 从外形结构来看,微调电阻器的体积小,其阻值的调节需要使用工具(螺丝刀);开关电位器的体积相对来说更大,且滑动端带有手柄,使用时可根据需要直接调节。

2) 从作用功能上来说,微调电阻器一般是在电路的调试阶段进行电路参数的调整,一旦电子产品调整定形后,微调电阻器就无须再调整了；开关电位器主要用在电子产品的使用调节方面,是为了方便用户使用而设置的,如收音机的音量电位器等。

3) 虽然开关电位器和微调电阻器都是属于阻值可变的一种器件,但是它们仍然存在一定的差异。

区别一：开关电位器有多联的,而微调电阻器没有。

区别二：开关电位器的体积大,结构牢固,寿命长。

区别三：两种可调电位器的动作操作方式不同,微调电阻器没有操作柄。除此之外,开关电位器可调范围较大，主要用于电路（电压或电流）控制，一般安装于面板上，以方便调节；微调电阻器可调范围较小，主要用于电路参数补偿，一般安装于线路板上。

2. 微调电阻器的识别

微调电阻器，也称为可变电阻，是电阻的一种。微调电阻器的阻值大小可以人为调节，以满足电路的需要，即可以使用小型十字或一字螺丝刀来调节电阻值。微调电阻器外观图形和符号如图1-14所示，用字母 R_P 表示。

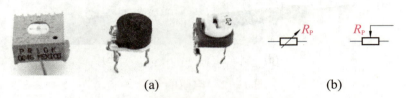

图1-14 微调电阻器外观图形和符号

(a) 外观图形；(b) 符号

3. 微调电阻器的检测

微调电阻器的检测方法如下。

1) 观察外表，微调电阻器标志清晰，其焊片或引脚无锈蚀。

2) 用螺丝刀旋转它的中间点，转动平滑，松紧适当，转动时没有机械杂声和抖动现象。

3) 选择好万用表欧姆挡"Ω"的量程。

4) 先按图1-15（a）所示方法测量"1""3"两端，其读数应为电位器的标称阻值。

5) 用万用表的欧姆挡测"1""2"或"3""2"两端，用螺丝刀旋转它的中间点。逆时针旋转，指针应平滑移动，电阻值逐渐减小；顺时针旋转，电阻值应逐渐增大，直至接近电位器的标称值，如图1-15（b）、图1-15（c）所示。

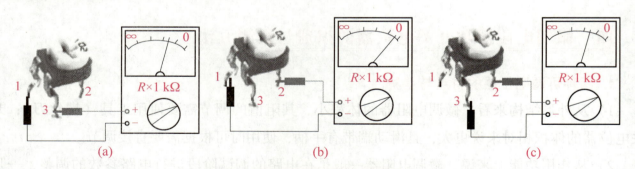

图1-15 可调电阻的检测方法

(a) 测量"1""3"两端；(b) 测量"1""2"两端；(c) 测量"3""2"两端

6) 在检测过程中，如果万用表指针有跳动现象，则说明微调电阻器的活动触点有接触不良的故障，必要时可更换电阻器。

4. 开关电位器的识别

开关电位器和微调电阻器的形状是不一样的，微调电阻器只是电位器滑动变阻器中的一种，而开关电位器是一种带有手柄的旋转电位器。开关电位器的外观图形和符号如图1-16所示。

项目一 常用电子元器件的识别与检测　　17

图 1-16　开关电位器的外观图形和符号

（a）外观图形；（b）符号

5. 开关电位器的检测

开关电位器的检测方法如下。

1）观察外表，开关电位器应标志清晰，其焊片或引脚无锈蚀。

2）动手旋转旋柄来感觉开关电位器是否平滑、开关是否灵活，松紧适当，转动时没有机械杂声和抖动现象；听一听开关电位器内部接触点和电阻体摩擦的声音，如有较响的"沙沙"声或其他噪声，则说明其质量欠佳。在一般情况下，旋柄转动时应该有点阻尼，既不能太"死"，也不能太灵活。

3）选择好万用表欧姆挡"Ω"的量程。

4）先按图 1-17（a）所示方法测量"1""3"两端，其读数应为开关电位器的标称阻值。

5）然后用万用表的欧姆挡测"1""2"或"3""2"两端，将开关电位器的转轴逆时针旋转，指针应平滑移动，电阻值逐渐减小；若将电位器的转轴顺时针旋转，则电阻值应逐渐增大，直至接近电位器的标称值，如图 1-17（b）、图 1-17（c）所示。

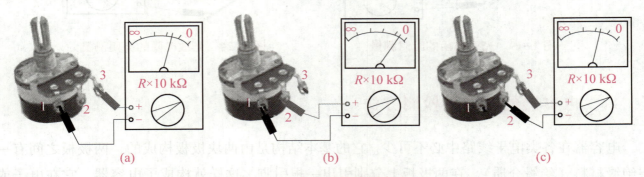

图 1-17　电位器的检测方法

（a）测量"1""3"两端；（b）测量"1""2"两端；（c）测量"3""2"两端

6）在检测过程中，如果万用表指针有跳动现象，则说明开关电位器的活动触点有接触不良的故障，必要时可更换电位器。

五、光敏电阻的识别与检测方法

1. 光敏电阻的识别

半导体在光的作用下，其导电性能会发生变化。光敏电阻就是利用半导体的这种特性，将光信号变换成电信号，以实现信息的变换和检测。常用的光敏电阻如图 1-18 所示，主要用于自动控制装置和光检设备中。

2. 光敏电阻的检测

检测光敏电阻时,将万用表置于 $R×1\ \text{k}\Omega$ 挡,两表笔分别任意各接光敏电阻的一个引脚,然后按下述方法进行测试。

图1-18　常用的光敏电阻

（1）检测暗阻

用手盖住或用一纸片将光敏电阻的透光窗遮住,此时万用表的指针基本保持不动,阻值接近∞。该值越大说明光敏电阻性能越好；若该值越小或接近于零,则说明光敏电阻已烧穿损坏,如图1-19所示。

（2）检测亮阻

将一光源对准光敏电阻的透光窗口,此时万用表的指针应有较大幅度的摆动,阻值明显减小。该值越小说明光敏电阻性能越好；若该值越大甚至为∞,则说明光敏电阻内部为开路,如图1-20所示。

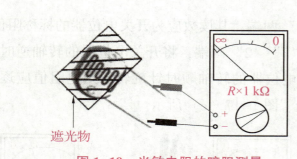

图1-19　光敏电阻的暗阻测量

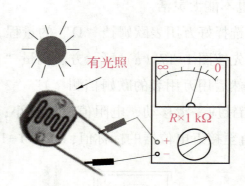

图1-20　光敏电阻的亮阻测量

六、电容器的识别与检测方法

电容器在各类电子线路中必不可少。它的基本结构是由两块极板构成的,两极板之间有一层绝缘材料（绝缘介质）,在两极板上分别引出一根引脚,这样就构成了电容器。它在电子或电气电路中应用十分广泛,在电路中通常是用来隔直流、通交流,用作交流耦合及滤波、交流或脉冲旁路,与电阻或电感构成 RC 定时、LC 谐振选频等。

1. 电容器的分类

按介质材料不同,电容器可分为涤纶电容器、云母电容器、瓷介电容器、电解电容器等。

按容量能否变化,电容器可分为固定电容器、半可变电容器（微调电容器,电容量变化范围较小）、可变电容器（电容值变化范围较大）等。

电容器的种类有很多,图1-21所示是几种电容器外形和符号。

项目一 常用电子元器件的识别与检测

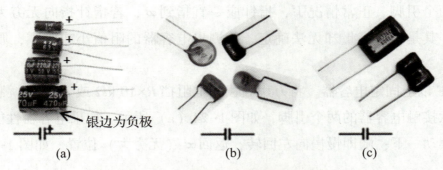

图 1-21 几种电容器外形和符号
（a）电解电容器；（b）瓷介电容器；（c）涤纶电容器

2. 电容器的标注方法

（1）标称容量及允许偏差

电容器的标称容量及允许偏差的基本含义同电阻一样，只是使用单位（电容量）与电阻不同。电容量的基本单位为 F（法拉）。常用 mF（毫法）、μF（微法）、nF（纳法）和 pF（皮法），它们之间的关系为

$$1\ F = 10^3\ mF = 10^6\ \mu F = 10^9\ nF = 10^{12}\ pF$$

（2）直标法

电容直标法如图 1-22 所示，图中所示的是电解电容，其电容值 $C=220\ \mu F$，耐压 50 V。

（3）数码法

一般用 3 位数字表示电容器容量的大小，其中第 1、2 位为有效数字，表示容量的有效数，第 3 位为倍乘数，其数值表示有效数字后的 0 的个数，电容量的单位为 pF，如图 1-23 所示。

图 1-22 电容直标法　　　　　图 1-23 电容数码法

图中所示的瓷介电容器的电容值为

　　223　表示容量为 22×10^3 pF = 22 000 pF = 0.022 μF

　　104　表示容量为 10×10^4 pF = 100 000 pF = 0.1 μF

3. 电容器的简易检测

电容器一般常见故障有击穿短路、断路、漏电或电容容量变化等。通常情况下，可以用万用表来判断电容器的好坏，并对其质量进行定性分析。

（1）无极性电容检测方法

使用万表的"Ω"挡，通过测量电容器两引脚之间的漏电阻，并根据指针摆动的情况来判断其质量的好坏。

1）0.01 μF 以下的小电容器。检测时，可将万用表拨到电阻挡 $R\times10\ k$，用表笔分别任意

接触电容器的两个引脚。正常情况下，指针应一直指到∞，若指针指向无穷大则只能说明电容器没有漏电，其是否有容量却无法确定。若测出电容器的阻值小或为零，则说明其漏电或短路。

2）0.01 μF 以上固定电容器。将万用表拨到电阻挡 $R×10$ kΩ 或 $R×1$ kΩ 测量电容器两端，用表笔分别任意接触电容器的两个引脚，如图 1-24（a）所示。如果电容器性能良好，则万用表指针会向右摆动一下；随即慢慢向左回转，返回∞（无穷大）位置，如图 1-24（b）所示。

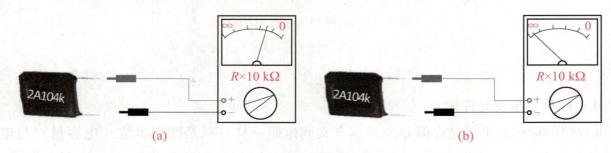

图 1-24　无极性电容器的检测
(a) 电容器向右偏转测量；(b) 电容器向左回转测量

容量越小则向右摆动的幅度越小，向左回转得越快。若在检测时指针始终停在∞处不动，则说明该电容器开路。若表头指针会向右摆动，并且在向左回转时，回不到∞的位置，则说明电容器绝缘电阻小，电容器漏电。

（2）电解电容器的检测

1）针对不同容量的电解电容器来选择合适的量程。一般情况下，对于 1~47 μF 的电解电容器，将万用表拨到电阻挡 $R×1$ kΩ 或 $R×10$ kΩ；对于 47~1 000 μF 的电解电容器，将万用表拨到电阻挡 $R×100$ Ω。

2）测正向电阻。如图 1-25 所示，将万用表红表笔接负极，黑表笔接正极。在刚接触的瞬间，万用表指针即向右偏转较大幅度，然后逐渐向左回转，到∞（用 $R×1$ kΩ 挡，此时的阻值可能接近无穷大），但不是所有的电容器都会使万用表指针返回至∞，有些会慢慢地稳定在一定的位置上。测得的阻值即为电解电容器的正向电阻，此值越大，说明漏电流越小，电容器性能越好。

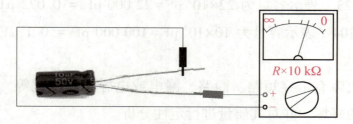

图 1-25　电解电容器的检测

3）测反向电阻。将红黑表笔对调，重复2）的过程。此时所测阻值即为电解电容器的反向电阻。反向电阻略小于正向电阻。

4）若正、反向电阻都为∞，则说明电容器开路；若正、反向电阻都为 0，则说明电容器短路；若正、反向电阻都很小，则说明电容器漏电。

七、二极管的识别与检测方法

晶体二极管（以下简称二极管）是晶体管的主要种类之一，应用十分广泛。二极管实际上由一个PN结构成，二极管的正极（阳极）即P型半导体端，负极（阴极）即N型半导体端，其具有单向导电特性，用于整流、检波、混频及稳压电路。

1. 二极管的外形、结构、图形符号及导电特性

（1）外形

如图1-26所示是用于电视机、收音机、稳压电源和调光电路等电子产品中的各种不同外形的二极管。

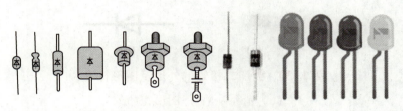

图1-26 常见二极管外形图

（2）二极管的基本结构

如图1-27所示为二极管结构，采用掺杂工艺，使硅或锗晶体的一边形成P型半导体区域，另一边形成N型半导体区域，在P型与N型半导体的交界面会形成一个具有特殊电性能的薄层，称为PN结。从P区引出的电极作为正极，从N区引出的电极作为负极，然后通常用塑料、玻璃或金属材料作为封装外壳，在其外壳上印有标记以便区分正、负电极。

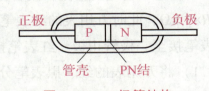

图1-27 二极管结构

（3）二极管的图形符号

二极管的图形符号如图1-28所示，箭头的一边代表正极，另一边代表负极，而箭头所指方向是正向电流流通的方向，通常用英文符号VD代表二极管。

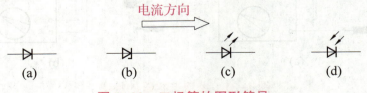

图1-28 二极管的图形符号

(a) 整流二极管；(b) 稳压二极管；(c) 发光二极管；(d) 光敏二极管

（4）二极管的导电特性

可用逆止水阀门来比喻，如图1-29（a）所示，当电流由二极管的正极流入，负极流出时，就如同正向水流顶开阀门，因其阻力很小，所以水流能顺利通过；若电流要以相反的方向通过，如图1-29（b）所示，反向水流则压紧阀门，因其阻力很大，所以水流几乎不能通过。

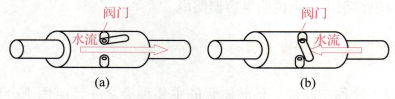

图 1-29 用逆止水阀门比喻二极管

（a）正向水流；（b）反向水流

在本书中，主要用到整流二极管、稳压二极管和发光二极管。

2. 整流二极管的识别

图 1-30 所示为整流二极管的外形及图形符号。从外形上看，整流二极管管体一般呈黑色，管体上印有银白色标记的一端为负极，另一端为正极。

图 1-30 整流二极管的外形及图形符号

（a）外形；（b）图形符号

3. 整流二极管的检测

对标志不清楚的整流二极管，可以用万用表来判别其极性。将万用表拨到电阻挡 $R\times 100\ \Omega$ 或 $R\times 1\ k\Omega$，此时万用表的红表笔接的是表内电池的负极，黑表笔接的是表内电池的正极。将黑表笔接至二极管正极、红表笔接至二极管负极时为正向连接，具体的测量方法如下。

1）将万用表的红、黑表笔分别接在二极管两端，如图 1-31（a）所示。此时测得电阻值比较小（几千欧），再将红、黑表笔对调后连接在二极管两端，如图 1-31（b）所示，此时测得的电阻值比较大（几百千欧），说明二极管具有单向导电性，质量好。测得电阻小的那一次黑表笔接的是二极管的正极。

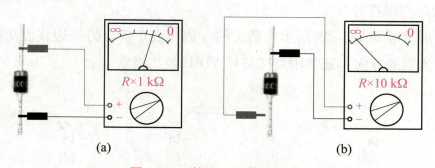

图 1-31 整流二极管的检测

（a）测量正向电阻；（b）测量反向电阻

2）若测得整流二极管的正、反向电阻都很大，则表示管子内部已断开；若测得整流二极管的正、反向电阻都很小，甚至为 0，则表示管子内部已经短路。

4. 稳压二极管的识别

图 1-32 所示为稳压二极管的外形与图形符号。从外形上看，玻璃封装稳压二极管的管体

一般呈红色，管体上印有黑色标记的一端为负极，另一端为正极。

图 1-32 稳压二极管的外形与图形符号

(a) 外形；(b) 图形符号

5. 稳压二极管的检测

对标志不清楚的稳压二极管，可以用万用表判别其极性，测量的方法与整流二极管相同。

1) 如图 1-33（a）所示，用万用表拨到电阻挡 $R×1\,\text{k}\Omega$，将两表笔分别接稳压二极管的两个电极，此时测出的电阻值比较小（几千欧），再对调两表笔进行测量，如图 1-33（b）所示，此时测得的电阻值比较大（几百千欧）。在两次测量结果中，阻值较小的那一次，黑表笔接的是稳压二极管的正极，红表笔接的是稳压二极管的负极。

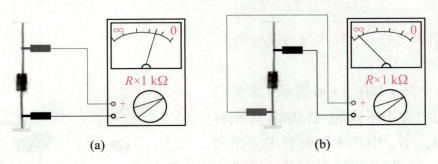

图 1-33 稳压二极管的检测

(a) 测量正向电阻；(b) 测量反向电阻

2) 若测得稳压二极管的正、反向电阻都很大，则表示管子内部已断开；若测得稳压二极管的正、反向电阻都很小，甚至为 0，则表示管子内部已经短路。

6. 发光二极管的识别

图 1-34 所示为发光二极管的外形与图形符号。管脚长的一端为正极，短的一端为负极。发光二极管的管体一般呈透明状，所以管壳内的电极清晰可见，内部电极面较宽、较大的一端为负极，电极面较窄、小的一端为正极。

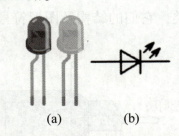

图 1-34 发光二极管外形与图形符号

(a) 外形；(b) 图形符号

7. 发光二极管的检测

1) 如图 1-35（a）所示，用万用表检测发光二极管的质量，将万用表拨到电阻挡 $R×10\,\text{k}\Omega$，测量正向电阻时，万用表的黑表笔接二极管的正极，红表笔接二极管的负极，此时发光二极管将被点亮，其正向电阻阻值小于 $50\,\text{k}\Omega$；测量反向电阻时，对调两表笔进行测量，如图 1-35（b）所示，万用表的红表笔接二极管的正极，黑表笔接二极管的负极，此时若反向电阻阻值大于 $200\,\text{k}\Omega$，则发光二极管为正常状态。

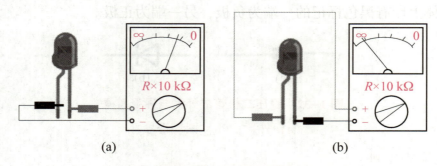

图 1-35 发光二极管的检测
(a) 测量正向电阻;(b) 测量反向电阻

2) 若测得正、反向电阻都很大,且接近无穷大,则表明发光二极管内部断开;若测得正、反向电阻都很小,且接近于 0,则表明发光二极管内部短路。

八、三极管的识别与检测方法

1. 晶体三极管的外形、结构与图形符号

(1) 外形

三极管有 3 个脚,如图 1-36 所示是常见三极管外形图,功率大小不同的三极管的体积和封装形式也不同。小、中功率三极管多采用塑料封装;大功率三极管采用金属封装,这样能使三极管的外壳和散热连成一体,便于散热。

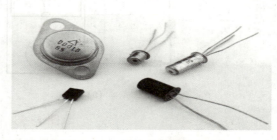

图 1-36 常见三极管外形图

(2) 三极管的基本结构与图形符号

三极管的核心是两个互相联系的 PN 结,按两个 PN 结组合方式的不同,可分为 PNP 型和 NPN 型两类,它们的结构及图形符号如图 1-37(a)、图 1-37(b)所示,文字符号为 VT。

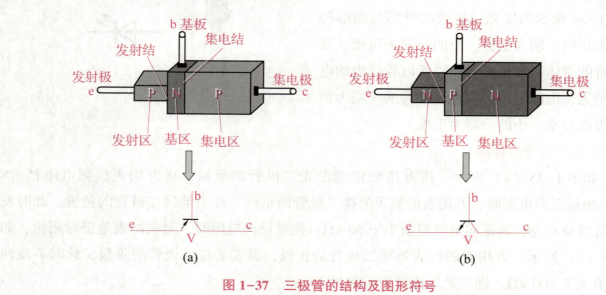

图 1-37 三极管的结构及图形符号
(a) PNP 型;(b) NPN 型

（3）三极管内部结构

三极管内部结构分为发射区、基区和集电区，其引出电极分别为发射极 e、基极 b 和集电极 c。发射区与基区之间的 PN 结称为发射结，集电区与基区之间的 PN 结称为集电结。为了收集发射区发射过来的载流子及便于散热，要求集电结面积较大，因此在使用时集电极与发射极不能互换。

2. 三极管管脚的判别

本书用到的三极管有 NPN 型管，小功率 8050、9013、9014 型，大功率 3DD15 型；也有 PNP 型管，小功率 8550 型。三极管管脚的判别方法如下。

（1）判定基极 b（小功率 NPN 型管）

将万用表拨到电阻挡 $R \times 100\ \Omega$ 或 $R \times 1\ k\Omega$，先假定一个电极是 b 极，并用黑表笔与假定的 b 极引脚相接，用红表笔分别与另外两个电极的引脚相接，如图 1-38 所示。如果两次测得的电阻均很小，则黑表笔所接的就是 b 极；如果两次测得的电阻值一大一小，则表明假设的电极不是真正的 b 极，此时需要再重新假设一个引脚为 b 极，再按上述方法测试，直到找到 b 极。

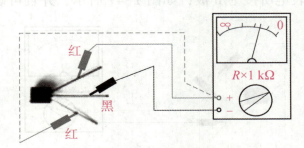

图 1-38　NPN 型管判定 b 极的方法（8050、9013、9014 型管）

（2）判定发射极 e 和集电极 c（NPN 管）

可将万用表的黑表笔和红表笔分别接触两个待定的电极，然后用手指捏紧其中一个待定电极和 b 极（注意不能将两极短路，而是相当于在待定电极与 b 两极之间加一人体电阻），观察表针摆动幅度，记下电阻值，如图 1-39（a）所示。然后用手指捏紧另一个待定电极和 b 极（注意也不能将两极短路，而是相当于在另一个待定电极与 b 两极之间加一人体电阻），这时将黑、红表笔对调，观察表针摆动幅度，记下电阻值，如图 1-39（b）所示。比较两次测量时表针摆动幅度，摆动幅度较大（即阻值较小）的一次黑表笔所接管脚为 c 极，那么红表笔所接为 e 极。

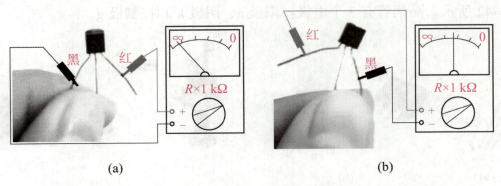

图 1-39　NPN 管判定 e、c 极的方法（8050、9013、9014 型管）

（a）判定 e 极的方法；（b）判定 c 极的方法

（3）3DD15型金属壳封装大功率三极管管脚识别

如图1-40所示，将电极朝向自己，并将距离电极较远的管壳一端向下，此时左端电极为基极（b极），右端电极为发射极（e极），金属管壳为集电极（c极）。

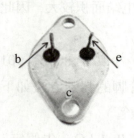

图1-40　NPN型管管脚识别方法（3DD15型管）

（4）8550型小功率三极管管脚识别

若为PNP型管则使用红表笔与假定的b极引脚相接，用黑表笔接另外两个电极，如果两次测得电阻均很小，则红表笔所接为b极，如图1-41所示，并且可确定为PNP型管。

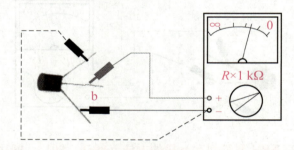

图1-41　PNP管判定基极的方法（8550型管）

若为PNP型管，上述方法中参照图1-39将黑、红表笔对换测量，从而判别e、c极。

九、单向晶闸管的识别与检测方法

1. 单向晶闸管的外形、结构与图形符号

（1）外形

晶闸管的外形有小型塑封型（小功率）、平面型（中功率）和螺栓型（中、大功率）3种，如图1-42所示。晶闸管有3个电极：阳极a、阴极k和控制极g。

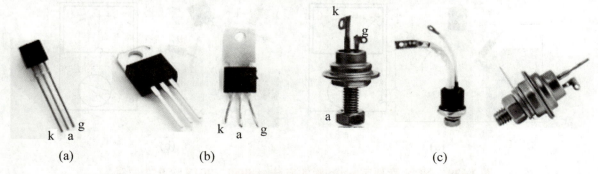

图1-42　晶闸管外形

（a）小功率管；（b）中功率管；（c）大功率管

（2）单向晶闸管的基本结构与图形符号

内部结构如图1-43（a）所示，它是由4层半导体 P-N-P-N 叠加而成，形成3个PN结（J_1、J_2、J_3），由外层P型半导体引出阳极a，外层N型半导体引出阴极k，中间层P型半导体引出控制极g。如图1-43（b）所示，是单向晶闸管的电路符号，是在二极管符号的基础上加上一个控制极，来表示其特性相当于有控制端的单向导电性器件，而二极管则属于无控制端的单向导电性器件。

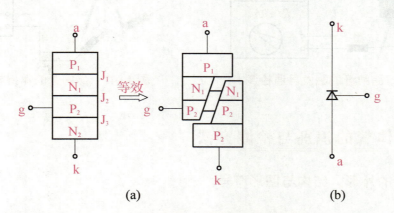

图1-43　晶闸管的内部结构与图形符号
（a）内部结构；（b）图形符号

2. 单向晶闸管的管脚及好坏判别

（1）判别电极

万用表置 $R×1\ k\Omega$ 挡，测量晶闸管任意两脚间的电阻。当指针向右摆动，其摆动幅度较大，指示低阻值时，黑表笔所接的是控制极g，红表笔所接的是阴极k，余下的一脚即为阳极a，如图1-44所示。其他情况下电阻值均为∞。

（2）质量好坏的检测

检测时按以下3个步骤进行。

1）万用表置于 $R×1\ \Omega$ 或 $R×10\ \Omega$ 挡，红表笔接阴极k，黑表笔接阳极a，指针应接近∞，如图1-45所示。

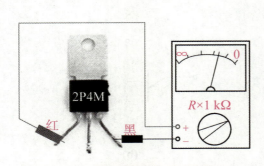

图1-44　晶闸管的管脚判别方法

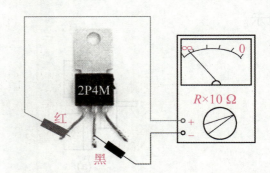

图1-45　晶闸管a、k之间的电阻值测量

2）用黑表笔在不断开阳极a的同时接触控制极g，万用表指针向右偏转到低阻值，此时表明晶闸管能触发导通，如图1-46所示。

3）在不断开阳极 a 的情况下，断开黑表笔与控制极 g 的接触，万用表指针应保持在原来的低阻值位置上不变，此时表明晶闸管撤去控制信号后仍然保持导通状态，如图 1-47 所示。

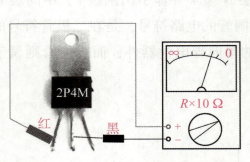

图 1-46　晶闸管的触发导通检测

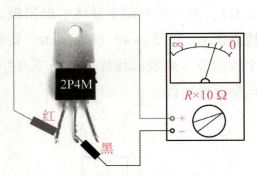

图 1-47　晶闸管的保持导通检测

十、单结晶体管的识别与检测方法

1. 单结晶体管的外形、结构与图形符号

（1）外形

与普通小功率三极管相似，如图 1-48 所示，单结晶体管常见型号有 BT31、BT32、BT33、BT35 等，型号的第 1 部分"B"表示半导体器件，第 2 部分"T"表示特种管，第 3 部分的"3"表示有 3 个极，第 4 部分表示耗散功率为 100 mW、200 mW、300 mW、500 mW 等。

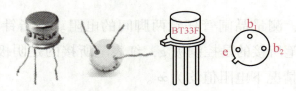

图 1-48　单结晶体管的外形

（2）单结晶体管的基本结构与图形符号

内部结构如图 1-49（a）所示，它只有一个 PN 结，从 P 型半导体上引出的电极是发射极 e。从 N 型半导体上引出两个基极，称为第 1 基极 b_1 和第 2 基极 b_2。其图形符号如图 1-49（b）所示。

图 1-49　单结晶体管的结构与图形符号

（a）内部结构；（b）图形符号

2. 单结晶体管的管脚及好坏判别

单结晶体管又称双基极二极管。它的性能好坏可以通过测量其各极间的电阻值是否正常来判断。

（1）判别电极 e

万用表置 $R\times 100\ \Omega$ 或 $R\times 1\ \text{k}\Omega$ 挡，确认发射极 e。先任意假定一个电极是 e 极，并用黑表笔与假定的 e 极引脚相接，用红表笔依次接另外两个基极（b_1 和 b_2），如图 1-50（a）所示。若测得两次均为导通，则正常时均应有几千欧至十几千欧的电阻值。再将红表笔接假定的发射极 e 极引脚，黑表笔依次接两个基极（b_1 和 b_2），正常时阻值为无穷大，如图 1-50（b）所示，此时可确定假定的电极是发射极 e 极。

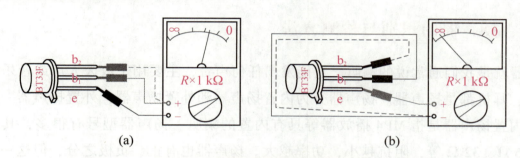

图 1-50　单结晶体管判定 e 极的方法
（a）黑表笔接假定 e 极引脚；（b）红表笔接假定 e 极引脚

（2）单结晶体管的管脚标识

从外观识别来看，靠近凸起的管脚为发射极 e 极、离发射极 e 极近的是第 1 基极 b_1，远的是第 2 基极 b_2，如图 1-51 所示。

（3）质量好坏的检测

单结晶体管两个基极（b_1 和 b_2）之间的正、反向电阻值均为 $2\sim 15\ \text{k}\Omega$ 范围内，若测得某两极之间的电阻值与上述正常值相差较大，则说明该二极管已损坏。

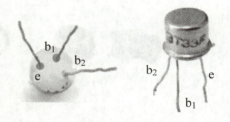

图 1-51　外观识别 e、b_1、b_2 极的方法

十一、蜂鸣器的识别与检测方法

蜂鸣器是可以自己发出声音的扬声器，也就是说，蜂鸣器内置了频率发生电路。图 1-52（a）、图 1-52（b）为蜂鸣器的外形与图形符号。有源蜂鸣器有两个引脚，有正、负极之分，长的引脚是正极。本书采用"有源蜂鸣器"，不需要加限流电阻，只要电源电压在 $4\sim 6\ \text{V}$ 即可。市场上的蜂鸣器有很多种型号，其驱动电压也不同，有 3 V、5 V、12 V 等电压，发声频率也可选择。只要在蜂鸣器正、负极加上额定的直流电源就可以蜂鸣。有源蜂鸣器控制简单，一般用于报警发声、按键提示音。还有一种与其外观相似但要外部提供频率才能发声（没有

内置频率发生电路）的蜂鸣器，称为"无源蜂鸣器"。有源蜂鸣器内置的发生电路是固定在某一频率且不能修改；无源蜂鸣器因为是外置频率发声电路，所以可以修改电路频率，从而发出不同频率的声音。

图 1-52　蜂鸣器的外形与图形符号

（a）外形；（b）图形符号

十二、扬声器的识别与检测方法

扬声器就是我们通常说的喇叭。它能发出任何声音，主要用于放大人声或音乐声音，家里的音响、耳机都是扬声器。扬声器分为内置扬声器和外置扬声器，外置扬声器一般指的是音箱；而内置扬声器是指 MP4 播放器等具有内置的喇叭。扬声器型号有很多，其对称阻抗有 8 Ω、16 Ω、32 Ω 等，阻抗越小，功率越大。扬声器也有正、负极之分，但这一要求并不严格，正、负极如果接反也可以正常工作。扬声器主要起"电—力—声"能量变换的作用，用来将音频放大电路送来的电信号转换成声音信号输出。图 1-53 所示为扬声器外形与图形符号。

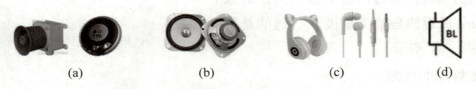

图 1-53　扬声器外形与图形符号

（a）简式扬声器；（b）电动扬声器；（c）耳机；（d）图形符号

扬声器的检测如图 1-54 所示。扬声器的检测选取万用表 $R×1$ Ω 挡，红、黑表笔分别接扬声器的两个接线端，测量其内部线圈的电阻。正常的阻值应与标称阻值相同或相近，同时扬声器会发出轻微的"嚓嚓"声，此时表示线圈是好的。如果万用表指针不摆动又无声，则说明动圈已断线。

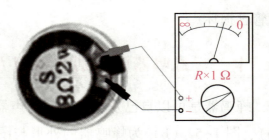

图 1-54　扬声器的检测

十三、传声器的识别与检测方法

传声器能接收环境中的声音，把声波变成波动的交流电信号。本书所使用的是电子制作中最常用的驻极体传声器。驻极体传声器也称为电容传声器，其原理大致是：内部由一个场效应管和一片金属膜片构成，声音导致金属膜片振动，因其独特的内部结构从而让场效应管输出相应的电压。在电话机里面大多都是用的驻极体传声器。

驻极体传声器，它是利用驻极体材料制成的一种特殊电容式"声—电"转换器件。它是一种将声音转化为相应的电信号的传感元件。其特点是体积小、结构简单、电声性能好、价格低，广泛用于盒式录音机、无线传声器及声控等电路中。

驻极体传声器的输出信号比较弱，因而需要放大电路进一步处理。它有两个引脚，有正、负极之分，图1-55（a）、图1-55（b）为驻极体传声器外形与图形符号。仔细观察它的外形，背面其中一个引脚有几条铜箔线与外壳相连的是负极，但也有一小部分例外。如果在正常连接时发现它不能工作，可以试着反接正、负极。

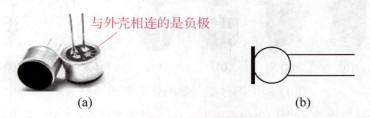

图 1-55　驻极体传声器外形与图形符号
（a）外形；（b）图形符号

十四、按键的识别与检测方法

按键也称为微动开关，是电路中最常用的元器件。按键大体分为两种，一种是松开手后可以自动弹起的按键，称为无锁按键；还有一种是保持当前状态的按键，称为自锁按键。例如，手机的电源键、音量键就是无锁按键，手一松开按键弹起；而家里墙壁上的电灯开关、电源插座上的开关，手动打开后就保持在打开状态，自己锁在那里的就是自锁按键。平常如果不加说明的微动开关通常表示无锁，按键也表示无锁。如果想表示有锁定功能的，则要说自锁按键或自锁微动开关。

微动开关的特点是，当按下微动开关的按钮时，开关内部两个静触点接通，但不能锁定，待外力离开按钮后，开关自动弹起，恢复开路状态。图1-56所示为部分微动开关外形与图形符号。

图 1-56　部分微动开关外形与图形符号
（a）外形；（b）图形符号

十五、变压器的识别与检测方法

变压器通常包括两组以上的线圈（这个线圈又称为绕组），并且彼此以电感耦合方式组合在一起。变压器由铁芯或磁芯和绕在绝缘骨架上的漆包线线圈构成，线圈中间用绝缘纸隔离。

变压器在电路中具有的功能：电压变换、电流变换、阻抗变换（利用变压器使电路两端的阻抗得到良好匹配，以获得最大限度的信号传送功率）、隔离、稳压。图1-57为部分变压器的外形与图形符号。

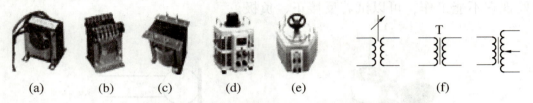

图1-57 部分变压器的外形与图形符号

(a) 电源变压器；(b) 单相调压器；(c) 可调变压器；(d) 铁芯变压器；
(e) 抽头变压器；(f) 电路符号

本书任务中主要用到降压变压器。

降压变压器的检测有以下3点。

1. 外观的检查

检测变压器时首先可以通过观察变压器的外观来检查其是否有明显的异常。如线圈是否断裂、脱焊；绝缘材料是否有烧焦痕迹；铁芯紧固螺丝是否有松动；硅钢片有无锈蚀；绕组线圈是否有外露等。

2. 测初级和次级的绝缘电阻

将万用表拨到电阻挡 $R \times 1$ kΩ 或 $R \times 10$ kΩ，如图1-58所示，分别测量变压器初级和次级的绝缘电阻值。若测出的电阻值为∞，说明绝缘良好；若测出的电阻值为0，则说明短路；若有一定阻值，则说明漏电。

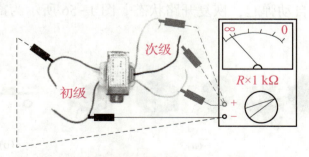

图1-58 变压器初级与次级之间绝缘电阻测试

3. 检测线圈通断

将万用表拨到电阻挡 $R \times 1$ Ω 或 $R \times 10$ Ω，如图1-59（a）、图1-59（b）所示。分别测量初级1、2端之间和次级4、5、6端之间的电阻，阻值的大小与线圈的长度、线径和材料有关。

一般情况下，若电阻值较小，则可认为是正常的；若电阻值为∞，则说明内部绕组有断路故障。

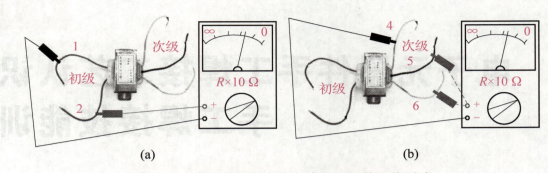

图1-59 变压器初级之间、次级之间的阻值测试
（a）测量初级1、2端之间电阻；（b）测量次级4、5、6端之间电阻

项目二

电子元器件手工焊接工艺认识及手工焊接技能训练

知识目标

- ◆理解焊接材料和工具的基本知识。
- ◆掌握元器件引线的加工方法。
- ◆掌握手工焊接的基本知识。

技能目标

- ◆会选用焊接材料和工具。
- ◆能通过实训操作熟练掌握元器件引线加工及手工焊接技术。
- ◆能够通过分析总结，提高解决问题的能力。

项目二 电子元器件手工焊接工艺认识及手工焊接技能训练

任务 电子元器件手工焊接工艺认识及手工焊接技能训练

知 识 树

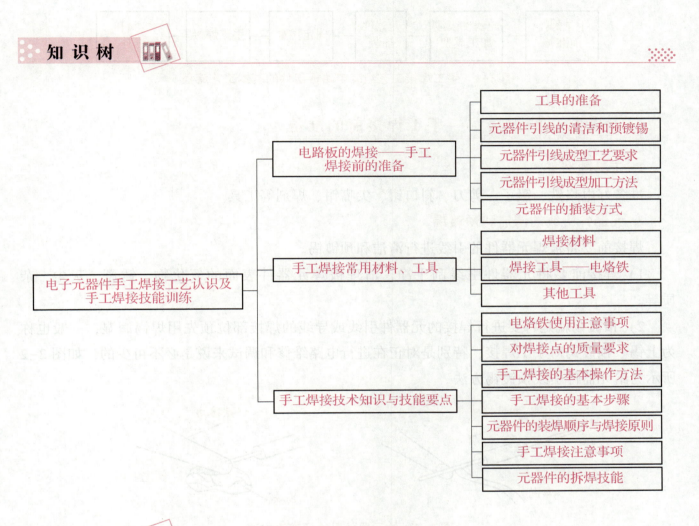

任务描述

电子元器件是组成电子产品的基础,把电子元器件牢固地焊接到印制电路板上,是电子装配的重要环节。手工焊接是应用较广、实践操作性较强、较为基础的一项操作技能,学生需要在实际操作中不断练习,熟练掌握正确的操作方法,才能提高操作水平,从而提高电子元器件的焊接技能。掌握焊接的基本知识和基本技能是衡量学生掌握"电子技术实训"这门课程的一个重要项目。

任务相关知识

手工焊接工艺组装电路板组件的基本工艺流程如图2-1所示。

图2-1 手工焊接工艺组装电路板组件的基本工艺流程

一、电路板的焊接——手工焊接前的准备

1. 工具的准备

准备好电烙铁、镊子、剪刀、斜口钳、尖嘴钳、焊剂等工具。

2. 元器件引线的清洁和预镀锡

焊接前要将被焊元器件的引线进行清洁和预镀锡。

1）焊接前要将元器件引线刮干净，清理被焊元器件表面的氧化物、锈斑、灰尘、杂质等。

2）预镀锡就是将要进行焊接的元器件引线或导线的焊接部位预先用焊锡润湿，一般也称为上锡。预镀锡对手工焊接，特别是对正在进行电路维修和调试来说是必不可少的，如图2-2所示为给元器件引线预镀锡方法。

图2-2 给元器件引线预镀锡方法

3）清洁电路板的表面，主要是去除氧化层、检查焊盘是否有缺陷和短路点等问题。

4）熟悉相关印制电路板的装配图，并按图纸检查所有元器件的型号、规格及数量是否符合图纸的要求。

3. 元器件引线成型工艺要求

元器件在安装前，应根据安装位置的特点及工艺要求，预先将元器件的引线加工成一定的形状。成型后的元器件既能便于装配，提高装配效率，又能加强元器件安装后的防振能力，保证电子设备的可行性。

元器件引线成型的形状及工艺要求如表2-1所示。

项目二　电子元器件手工焊接工艺认识及手工焊接技能训练　37

表 2-1　元器件引线成型的形状及工艺要求

元器件引线成型的形状图示	元器件引线成型的工艺要求说明
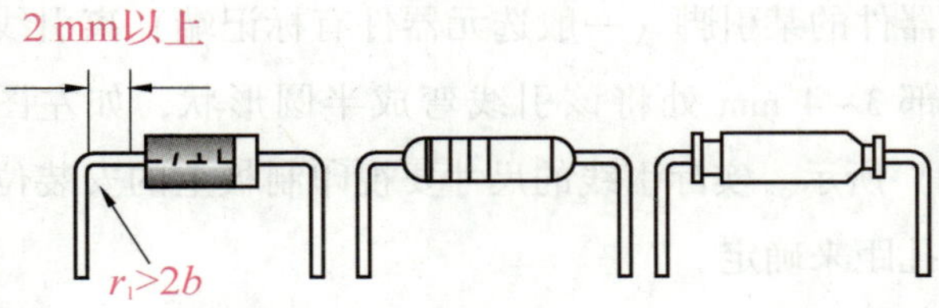 (a) 卧式安装元器件引线成型的形状图（2 mm以上，$r_1 > 2b$）	1) 元器件引线弯折处距离引线根部尺寸应大于 2 mm，以防止引线折断。引线弯曲部分不允许出现压痕和裂纹。 2) 卧式安装元器件引线弯曲处要有圆弧形，其半径 r_1 不得小于引线直径 b 的 2 倍。 3) 卧式安装时，元器件两引线左、右弯折要对称，引线要平行，其间距与电路板上两个焊盘孔的间距相同，如左图 (a) 所示
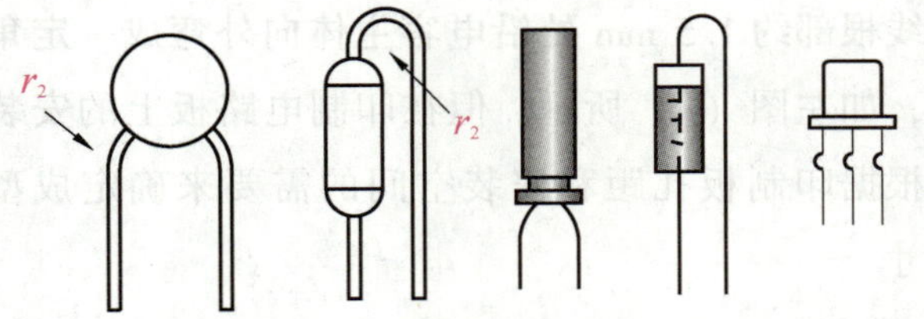 (b) 立式安装元器件引线成型的形状图（r_2）	1) 立式安装，元器件引线弯曲半径 r_2 应大于元器件的外形半径。 2) 凡是有标记的元器件，引线成型后，其型号、规格、标志符号应向上、向外，方向一致，以便目视识别，如左图 (b) 所示

4. 元器件引线成型加工方法（手工加工）

元器件的引线成型加工方法如表 2-2 所示。

表 2-2　元器件的引线成型加工方法

序号	名称	手工加工引线成型图例	步骤实施
1	卧式安装元器件引线加工方法	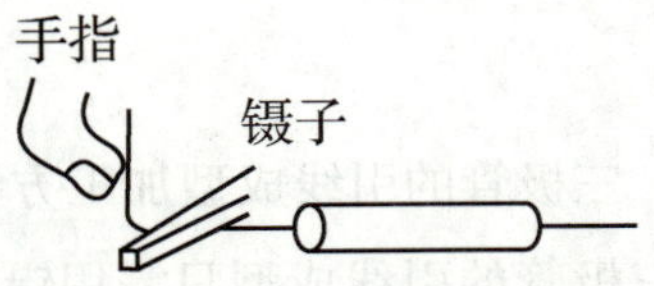 (a) 正确的整形方法（手指、镊子）	用镊子（或扁嘴钳）在离引线根部 1.5~2 mm 处夹住其某一引脚，再适当用手指力将元器件引脚弯成一定的弧度，如左图 (a) 所示。用同样的方法对该元器件另一引脚进行加工成型
		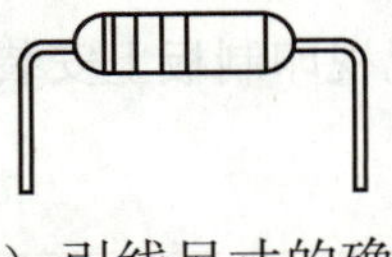 (b) 引线尺寸的确定	引线的尺寸要根据印制板上具体的安装孔距来确定，且一般两引线的尺寸要一致，如左图 (b) 所示
		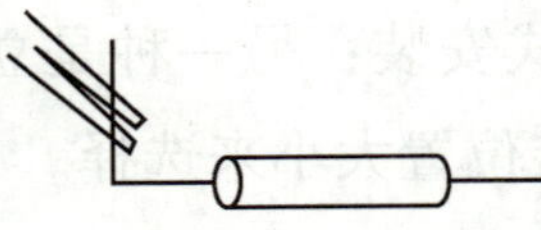 (c) 不正确的整形方法	注意：弯折引脚时不要用镊子（或扁嘴钳）直接直角弯折，尤其要防止玻璃封装的二极管壳体的破裂，从而造成管子报废，如左图 (c) 所示

续表

序号	名称	手工加工引线成型图例	步骤实施
2	立式安装元器件引线加工方法	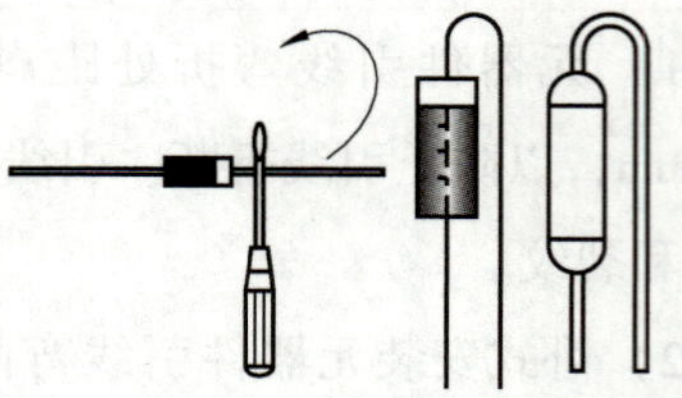 (d) 电阻、二极管引线的引线弯曲	电阻、二极管可以采用合适的小螺丝刀或镊子在元器件的某引脚（一般选元器件有标记端）离引线根部 3~4 mm 处将该引线弯成半圆形状，如左图（d）所示。实际引线的尺寸要视印制板上的安装位置孔距来确定
		 (e) 电解电容引线成型加工方法	电解电容引线成型加工方法是用镊子先将电容的引线根部约 1.5 mm 处沿电容主体向外弯成一定角度，如左图（e）所示。但在印制电路板上的安装要根据印制板孔距和安装空间的需要来确定成型尺寸
		 (f) 瓷介电容和涤纶电容引线成型加工方法	瓷介电容和涤纶电容引线成型加工方法：用镊子将电容引线向外整形，并与电容主体成一定角度，如左图（f）所示。在印制板处电路上的安装，需视印制孔距大小来确定引线尺寸
		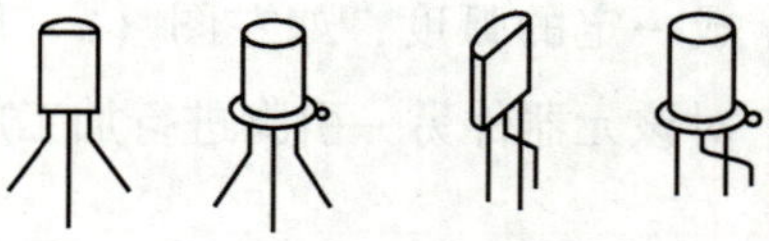 (g) 三极管的引线成型加工方法	三极管的引线成型加工方法，见左图（g）所示，三极管的引线成型只需用镊子将塑封管引线拉直即可，3 个电极引线分别成一定角度。有时也可以根据需要将中间引线向前或向后弯曲成一定角度。具体情况视印制板上安装孔距来确定引线的尺寸

5. 元器件的插装方式

一般元器件的安装方式主要有两种，一种是卧式安装；另一种是立式安装，如表 2-3 所示。具体采用何种安装方式，可视电路板空间和安装位置大小来选择。

表 2-3 元器件的安装方式

序号	元器件的插装方式		图示	插装说明
1	卧式安装	贴板安装	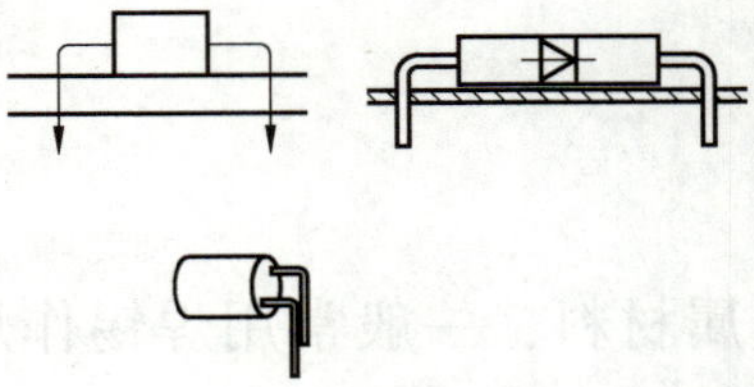	元器件与电路板的安装间隙在 1 mm 左右。其特点是插装简单，稳定性好，但不利于散热
		悬空安装	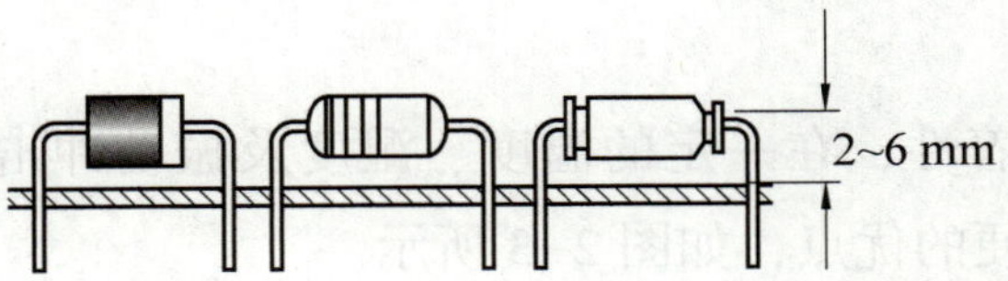	元器件与电路板的安装间隙在 2~6 mm。其特点是引脚长，有利于散热，但稳定性差，插装较复杂
2	立式安装		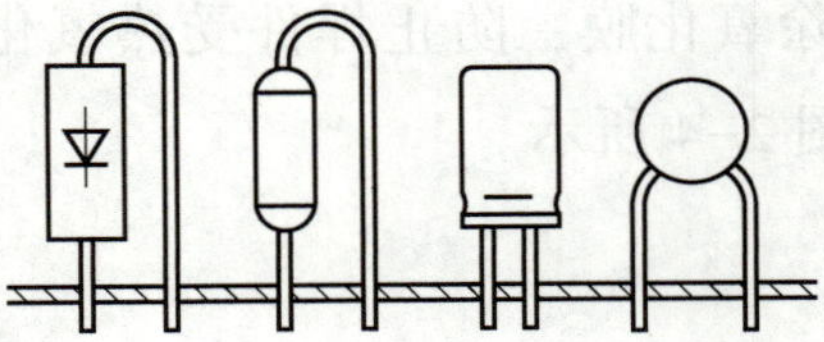	元器件与电路板竖直安装。其特点是占地面积小，一般用于元器件密度较高的区域，但对于较重或引脚较细的元器件，不宜采用此法来安装
3	埋头安装（嵌入式安装）		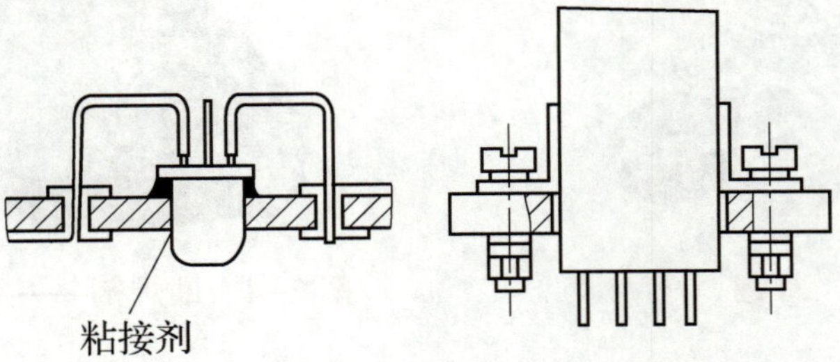	元器件的壳体埋于电路板的嵌入孔内，这种方式可提高元器件的防振能力，降低安装高度
4	有高度限制的安装		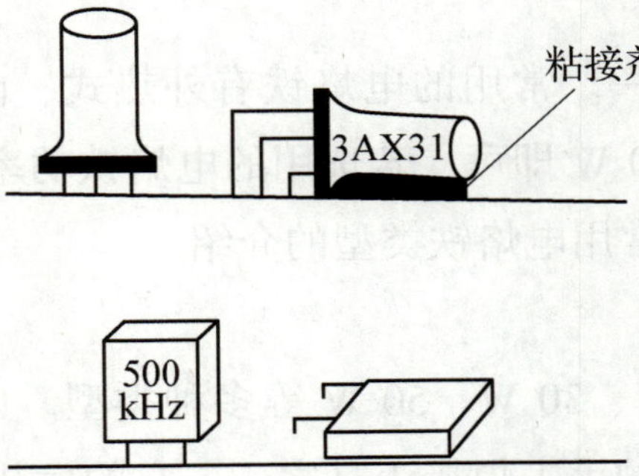	元器件安装通常采用垂直插入后，再朝水平方向弯曲的安装方法。元器件高度的限制一般在图纸上是标明了的，对大型元器件要特殊处理，以保证有足够的机械强度，经得起振动和冲击

元器件的插装原则：

① 凡是有标记的元器件，引线成型后进行插装，其型号、规格、标志符号应向上、向外，方向一致，以便能目视识别。

② 插装顺序的原则是先低后高，先轻后重，先耐热后不耐热。

③ 元器件间的间距不能小于 1 mm，引线间的间隔要大于 2 mm

二、手工焊接常用材料、工具

焊接原理是通过加热的烙铁将固态焊锡丝加热熔化，再借助助焊剂，使其流入被焊金属之间，待冷却后形成牢固可靠的焊接点。

1. 焊接材料

（1）焊料

焊料是指在焊接中起连接作用的金属材料，一般常用焊锡作焊料。我们使用的有铅的焊锡丝和无铅的焊锡丝里面是空心的，这个设计是为了存储助焊剂（松香），以便在加焊锡的同时能均匀地加上助焊剂。

焊锡具有较好的流动性和附着性，在一定的温度、湿度及振动冲击条件下有足够的机械强度，而且具有耐腐性、使用方便的优点，如图2-3所示。

（2）助焊剂

助焊剂常用于清洁被焊接面，去除氧化膜，防止焊件受热氧化，增强焊锡的流动性，使焊点美观。常用的助焊剂是松香，如图2-4所示。

图2-3　焊锡

图2-4　助焊剂——松香

2. 焊接工具——电烙铁

电烙铁是焊接使用的主要工具之一。常用的电烙铁有外热式、内热式、恒温式和吸锡式等类型。一般其功率不能过大，20~50 W即可，若选用的电烙铁功率过大，则不易掌握火候，很容易使元器件过热而损坏。下面是常用电烙铁类型的介绍。

（1）内热式电烙铁

常用的内热式烙铁有20 W、25 W、30 W、50 W等多种类型。内热式电烙铁的外形结构如图2-5所示。内热式电烙铁是常用的手工焊接工具之一，它的发热元器件装在烙铁头内部，即为发热丝绕在一根陶瓷棒上面，外面再套上陶瓷管绝缘，而烙铁头是套在陶瓷管外面，热量从内部传到外部的烙铁头上。烙铁头是用紫铜材料制成的，它具有发热快、体积小、重量轻、效率高等优点，适用于晶体管等小型电子器件集成电路和印制电路板的焊接。

项目二 电子元器件手工焊接工艺认识及手工焊接技能训练

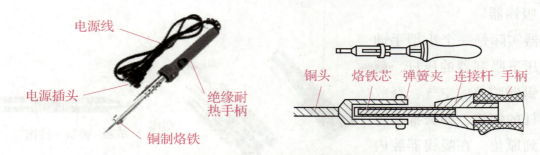

图 2-5 内热式电烙铁的外形结构

（2）外热式电烙铁

外热式电烙铁的外形结构如图 2-6 所示。与内热式电烙铁刚好相反，外热式电烙铁的发热丝绕在一根中间有孔的铁管上，里外用云母片绝缘，烙铁头插在中间孔里，热量从外面传到里面的烙铁头。在烙铁的尖端镀上了一层铁密合金，目的是保护烙铁头在高温下不被氧化锈蚀，所以不需要修整去锈。有脏物时只需要在沾水的海绵上轻轻擦拭几下。使用时应注

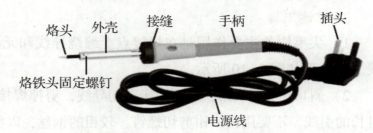

图 2-6 外热式电烙铁的外形结构

意保护烙铁尖，防止其表面的合金层被硬物损坏，也不要摔锡以免造成烫伤。这种电烙铁的热损失比较大，热效率较低，已逐步被内热式电烙铁所代替。

（3）恒温电烙铁

恒温电烙铁的外形结构如图 2-7 所示。它的烙铁头内装有磁铁式的温度控制开关，来控制烙铁的加热电路，使烙铁头达到恒温。在焊接温度不宜过高、焊接时间不宜过长时，应先用恒温电烙铁。它的温度可在 200~480℃ 范围内设定，铬铁头可选发热体直流供电。其特点是手柄轻巧，长时间使用不易疲劳，节能、工作可靠、寿命长，便于维修，但它的价格较高。

（4）吸锡电烙铁

吸锡电烙铁是一种既可以吸锡，又可以焊接的特殊电烙铁，它是集拆、焊元器件为一体的新型电烙铁。它的使用方法是：电源接通 3~5 s 后，把活塞按下并卡住，将头对准欲拆元器件的引脚，待锡熔化后按下按钮，此时活塞上升，焊锡被吸入管内。吸锡电烙铁的外形结构如图 2-8 所示。

图 2-7 恒温电烙铁的外形结构

图 2-8 吸锡电烙铁的外形结构

（5）吸锡器

吸锡器实际是一个小型手动空气泵，压下吸制器的压杆，就排出了吸锡器腔内的空气；释放吸锡器压杆的锁钮，弹簧推动压杆迅速回到原位。在吸锡器腔内形成空气的负压力，就能够把熔融的焊料吸走。在电烙铁的加热帮助下，用吸锡器很容易拆焊电路板上的元器件。其外形和内部结构如图2-9所示。

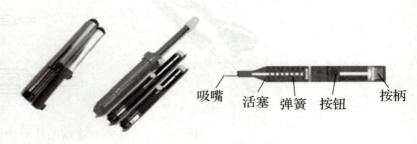

图2-9 吸锡器的外形和内部结构

3. 其他工具

1）尖嘴钳的主要作用是在焊接点上缠绕导线和元器件的引线以及对元器件引脚成型、布线。其外形如图2-10所示。

2）斜口钳、剪线钳，主要用于剪切导线，剪掉焊接点上因缠绕导线多余的线头以及元器件过长的引线。不要用偏口钳剪切螺钉、较粗的钢丝，以免损坏钳口。其外形如图2-11所示。

图2-10 尖嘴钳的外形　　　　　　图2-11 斜口钳、剪线钳的外形

3）剥线钳是一种剥线的专用工具，主要用来剥除截面积为6 mm² 以下的塑料或橡胶绝缘导线的绝缘层。钳头部分由压线口与切口构成，分为0.5~3 mm的多个直径切口，用于剥削不同规格的芯线。在使用剥线钳时，把待剥的导线线端放入相应的切口中，然后用力握住钳柄，导线的绝缘层就会被剥落并自动弹出。剥线钳由钳头与钳柄两部分组成，剥线钳的外形如图2-12所示：

4）镊子的主要用途是摄取微小器件，在焊接时夹持被焊件以防止其移动和帮助散热；也可用它夹持导线、元器件及集成电路引脚等。其外形如图2-13所示。

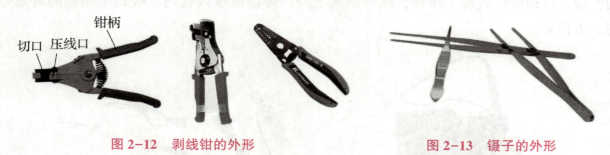

图2-12 剥线钳的外形　　　　　　图2-13 镊子的外形

5）螺钉旋具又称为改锥或螺丝刀。分为十字旋具、一字旋具。主要用于拧动螺钉及调整可调元器件的可调部分。其外形如图2-14所示。

6）小刀主要用来刮去导线和元器件引线上的绝缘物和氧化物，使之易于上锡。其外形如图 2-15 所示。

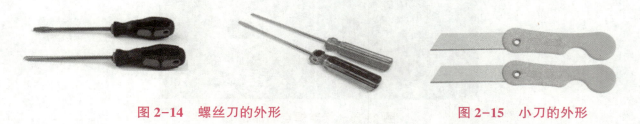

图 2-14　螺丝刀的外形　　　　　　　　图 2-15　小刀的外形

三、手工焊接技术知识与技能要点

1. 电烙铁使用注意事项

1）使用前安全检查：一般电烙铁的工作电压是 220 V，使用前一定要注意检查。用万用表检查电源线有无短路、开路，电源线的装线是否牢固，螺丝是否松动，电源线绝缘套管有无破损，确保电烙铁正常才可通电。

2）烙铁头的处理：新的烙铁在使用前，应先给烙铁头"上锡"。首先把烙铁头表面的氧化物和污物锉刮干净（或将被加热的烙铁头在一块蘸上水的棉毡上轻轻擦拭，除去烙铁头上的氧化物残渣），然后接上电源加热。当烙铁温度升到能熔锡时，将烙铁头上松香擦洗，等松香冒烟后再沾涂一层焊锡，如此反复进行 2~3 次，直到铬铁头的表面挂上一层薄锡便可使用了。烙铁头在使用一段时间后，表面会变得凹凸不平，出现严重氧化，此时就要把烙铁头取下来，用砂纸打磨后，马上镀锡，防止表面被氧化。

3）电烙铁通电后应放在特制的铁架上，不要敲击，烙铁头上过多的焊锡不得随意乱扔。电烙铁不宜长时间通电而不使用，这样容易使烙铁芯加速氧化而烧断，缩短其寿命，同时也会使烙铁头经长时间加热而氧化，甚至被"烧死"不再"吃锡"。

4）在焊接过程中，电烙铁头长期处于高温状态，加上又接触助焊剂等易受热分解的物质，其铜表面很容易氧化而形成一层黑色杂质，这些杂质形成了隔热层，使铬铁头失去了加热作用。因此要随时在烙铁架上蹭去烙铁头上的杂质，或是用一块湿布海绵随时擦蹭烙铁头。

5）使用完毕后应及时切断电源，烙铁未完全冷却时，不允许将其收藏或修理。

2. 对焊接点的质量要求

焊点的质量不仅会直接影响到电子电路的性能好坏，也会直接关系到整块电路能否正常工作。

1）对于焊接质量的要求：具有良好的导电性，具有足够的机械强度和美观；合格的焊点应该是明亮、平滑、焊料充足并呈内弧形状拉开；焊料与焊盘的结合处轮廓隐约可见；焊点在交界处的焊锡、铜箔、元器件 3 者较好地融合在一起。标准焊点的形状如图 2-16 所示。

2）在初学焊接时经常会出现 10 种有缺陷的锡点，如表 2-4 所示，在焊接中应注意避免。

图 2-16 标准焊点的形状

表 2-4 10 种有缺陷的锡点

序号	名称	图例	产生的原因及造成的后果
1	虚焊		焊接表面清理不干净，加热不足或者是焊料浸润不良都会造成虚焊。虚焊又称为假焊，焊接时焊点内部没有真正形成金属合金的现象。虚焊会造成信号时有时无，噪声增加，电路工作不正常等
2	偏焊		偏焊是指焊料在焊盘上四周不均匀，造成偏焊或出现空洞的现象，影响美观
3	桥接		桥接是指焊锡将电路之间不应连接的地方误焊接起来的现象。焊料将两个相邻的元器件引脚焊连在了一起，造成短路
4	堆焊		堆焊是指焊锡堆积在一起的现象，会造成浪费，影响美观
5	缺焊		缺焊是指焊锡过少会出现焊接不牢，易脱落的现象，会造成信号接触不良
6	针孔		针孔是指焊接时进入了气体产生针孔的现象，影响美观

续表

序号	名称	图例	产生的原因及造成的后果
7	拉尖		拉尖是指焊点表面出现尖端，像岩洞里的钟乳石状的现象。拉尖会造成外观不佳、易桥接等现象
8	拖尾		拖尾是指由于焊接温度低或是电烙铁撤离速度过慢的现象，有时也有可能是焊料杂质多。拖尾会造成外观不佳、易桥接等现象
9	冷焊		冷焊是指在焊料还没有凝固时出现手抖动的现象，从而造成焊点表面呈豆腐渣颗粒状
10	脱焊		脱焊是指由于焊接时温度过高，焊接时间过长使焊盘的铜箔翘起，甚至脱落的现象。焊盘脱落会造成电路断路，或元器件无法安装

3. 手工焊接的基本操作方法

（1）电烙铁握法

电烙铁握法如图 2-17 所示。

1）反握法：就是用五指把电烙铁的隔热把柄握在掌内，其适用于大功率电烙铁，以及焊接散热量较大的器件，如图 2-17（a）所示。

2）正握法：适用于中功率电烙铁或带弯头电烙铁的操作，如图 2-17（b）所示。

3）握笔法：是最常用的握法，适合在操作台上对 PCB 上的电子元器件进行焊接，如图 2-17（c）所示。

(a)   (b)   (c)

图 2-17 电烙铁握法

(a) 反握法；(b) 正握法；(c) 握笔法

（2）焊锡丝的拿法

焊锡丝的拿法如图2-18所示。

4. 手工焊接的基本步骤

对热容量大的焊件，常采用五步操作法；对热容量小的焊件，则采用三步操作法。

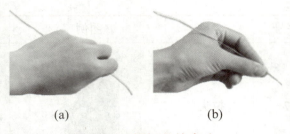

图 2-18　焊锡丝的拿法

(a) 连续焊接；(b) 继续焊接

（1）五步操作法

五步操作法基本步骤如表2-5所示。

表 2-5　五步操作法基本步骤

步骤序号	名称	图例	步骤实施
第一步	焊前准备		清洁被氧化的元器件管脚、铆钉电路板，安装好元器件。准备好电烙铁和焊锡丝，一手拿焊锡丝，一手拿电烙铁，看准焊点，随时待焊
第二步	用烙铁加热被焊件		将加热好的电烙铁尖与线路板成45°角，送入焊接处，注意电烙铁尖同时接触焊盘和元器件引线，把热量传送到焊接对象上
第三步	送入焊锡丝		送入焊锡丝，熔化适量焊料，焊盘和引线被熔化的焊料浸润，焊料在焊盘和引线连接处成锥状，形成理想的无缺陷的焊点
第四步	移开焊锡丝		当焊锡丝熔化一定量后，迅速移开焊锡丝
第五步	移开电烙铁		当焊料完全浸润焊点后迅速移开电烙铁（烙铁头与线路板成45°角后迅速移开）

（2）三步操作法

对热容量小的焊件采用三步操作法。

1）焊前准备：与五步操作法相同。

2）用电烙铁同时加热被焊件和焊料：在被焊件的两侧，同时分别放上烙铁头和焊锡丝，以熔化适量的焊料。

3）同时移开电烙铁和焊锡丝：当焊料的扩散范围达到要求后，迅速拿开电烙铁和焊锡丝，移开焊锡丝的时间不得迟于拿开电烙铁的时间。

5. 元器件的装焊顺序与焊接原则

（1）装焊顺序

元器件装焊的顺序原则上是先低后高、先轻后重、先耐热后不耐热。一般的装焊顺序依次是电阻器、电容器、二极管、晶体管、集成电路等。

（2）电阻器的焊接

按图纸要求将电阻器插入规定位置。插入孔位时要注意，字符标注的电阻器的标称字符要向上（卧式）或向外（立式），色环电阻器的色环顺序应朝一个方向，以方便读取。插装时可按图纸标号顺序依次装入，也可按单元电路装入，依具体情况而定，然后就可对电阻器进行焊接。

（3）电容器的焊接

将电容器按图纸要求装入规定位置，并注意有极性的电容器的正、负极不能接错，电容器上的标称值要易看、可见。装电容器时可先装玻璃釉电容器、金属膜电容器、瓷介电容器，最后装电解电容器。

（4）二极管的焊接

将二极管辨认正、负极后按要求装入规定位置，其型号及标记要向上或朝外。对于立式安装的二极管，其最短的引线焊接要注意焊接时间不要超过 2 s，以避免温升过高而烧坏二极管。

（5）晶体管的焊接

按要求将晶体管 e、b、c 3 个引脚插入相应孔位，焊接时应尽量缩短焊接时间，可用镊子夹住其引脚，以帮助散热。焊接大功率晶体管时，若需要加装散热片，应将散热片的接触面平整、打磨光滑、涂上硅脂后再紧固，以加大接触面积。要注意，有的散热片与管壳间需要加垫绝缘薄膜片。在晶体管的引脚与印制电路板上的焊点需要进行导线连接时，应尽量采用绝缘导线。

（6）集成电路的焊接

将集成电路按照要求装入印制电路板的相应位置，并按图纸要求进一步检查集成电路的型号、引脚位置是否符合要求，确保无误后便可进行焊接。焊接时应先焊接 4 个边角的引脚，使之固定，然后再依次逐个焊接。

6. 手工焊接注意事项

（1）烙铁的温度要适当

可将烙铁头放在松香上检验，一般来说以松香熔化较快且不冒烟的温度较为适宜。

（2）焊接时间要适当

一般完成一个焊点的焊接时间约用 3 s，若焊接时间过短，则焊锡未完全熔化，易造成虚焊，使焊点表面粗糙不平，像水泥块；若焊接时间过长，则会焊坏元器件和电路板铜箔，烙铁移开时，易产生接尖现象，使焊点表面发白从而失去金属光泽。

（3）焊料与焊剂要适量

适量的焊剂是必不可少的，但不要认为越多越好。过量的松香不仅会增加焊接后焊点周围需要清洗的工作量，而且会延长加热时间（松香熔化、挥发需要时间并带走热量），降低工作效率；若加热时间不足，则非常容易将松香夹杂到焊锡中形成"夹渣"缺陷；对开关类元器件的焊接，过量的助焊剂容易流到触点处，从而造成元器件形状接触不良。

（4）烙铁头和被焊元器件不易移动

焊接时不要将烙铁头在焊点上来回磨动，在焊接点上的焊料未完全凝固时，不宜移动被焊元器件，否则焊接点会变形，从而可能出现假焊。

（5）焊接点表面要清洁

焊接结束后，焊接点表面要清洁，松香焊剂在超过温度 60℃ 时，其绝缘性能会下降，焊接后的残渣对发热元器件有较大的危害。

7. 元器件的拆焊技能

在检查焊点的基础上，对有缺陷的焊点要做适当补焊，对有些无法修复的焊点要进行拆焊处理。

（1）补焊方法

对于有焊接缺陷的焊点要进行适当补焊。具体方法：待焊点完全冷却后，再根据焊点缺陷的情况分别进行补焊、加锡、加热、去锡、重焊等。注意在补焊时，用电烙铁的速度一定要快，可根据情况需要进行第二次补焊，但一定要等到焊点完全冷却后再进行。

（2）拆焊方法

在调试、维修或焊错的情况下，经常需要将已焊接处拆除，取下少量元器件进行更换，称之为拆焊。拆焊的难度比焊接大得多，往往容易损坏元器件并且导致印制板铜箔脱落、断裂。为了保护电路板和元器件在拆卸时不被损坏，需要采用一定的拆焊工艺和专用工具。拆焊方法如表 2-6 所示。

表 2-6 拆焊方法

序号	名称	图例	说明及步骤实施
1	采用分点拆焊的方法（焊点间距离较大的元器件）	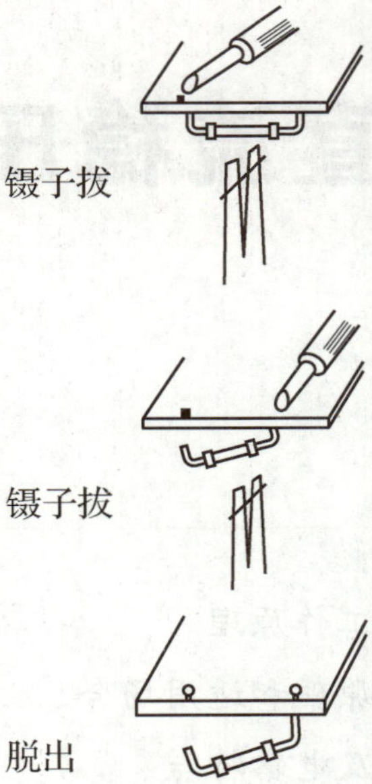 镊子拔 镊子拔 脱出	1）用镊子进行拆焊。在没有专用拆焊工具的情况下，用镊子进行拆焊。 2）对于电路板中引线之间焊点距离较大的元器件，拆焊时相对容易，如左图所示。操作过程如下： a. 首先固定电路板，同时用镊子从元器件面夹住被拆元器件的一根引线； b. 用电烙铁对被夹引线上的焊点进行加热，以熔化该焊点上的焊锡； c. 待焊点上的焊锡全部熔化后，将被夹的元器件引线轻轻从焊盘孔中拉出； d. 然后用同样的方法拆焊被拆元器件的另一根引线
2	采用集中拆焊的方法（焊点间距离较小的元器件）	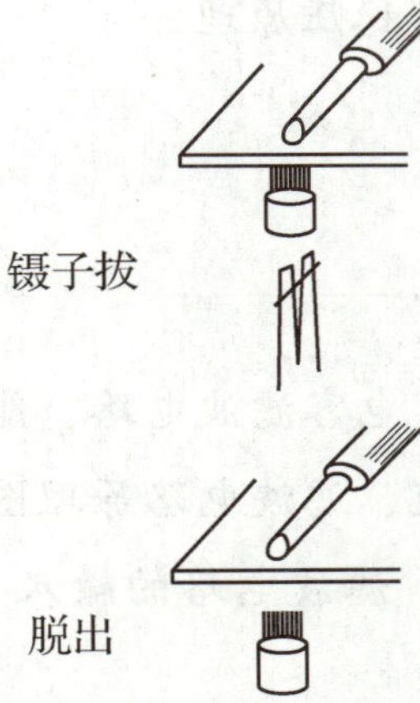 镊子拔 脱出	对于拆焊印制电路板中引线之间焊点距离较小的元器件，如三极管等，拆焊时具有一定的难度，多采用集中拆焊的方法，如左图所示。操作过程如下： 1）首先固定电路板，同时用镊子从元器件面夹住被拆元器件； 2）用电烙铁对被拆元器件的各个焊点快速交替加热，以同时熔化各焊点上的焊锡； 3）待焊点上的焊锡全部熔化后，将夹着的被拆元器件轻轻从焊盘孔中拉出
3	用专用吸锡器进行拆焊	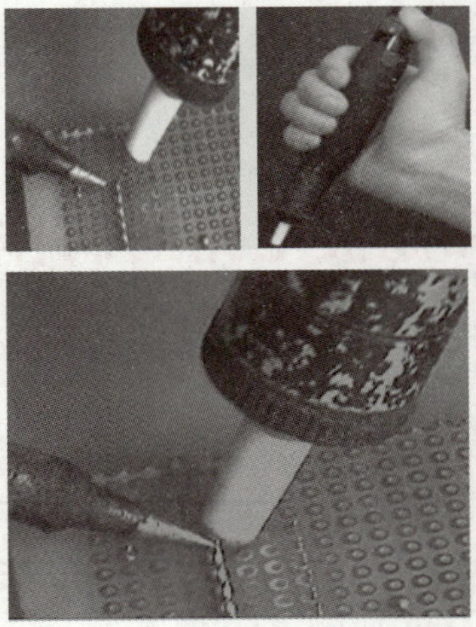	对焊锡较多的焊点，可采用吸锡器去锡脱焊。拆焊时，先用电烙铁对焊点进行加热，同时用吸锡器将焊点上的焊锡吸除。如左图所示，操作过程如下： 1）吸锡时，根据元器件引线的粗细选用锡嘴的大小； 2）电烙铁通电加热后，将吸锡器的活塞柄推下卡住； 3）锡嘴垂直对准被吸焊点，待焊点、焊锡熔化后，再按下吸锡器的控制按钮，焊锡即被吸进吸锡器中。反复几次，直至元器件从焊点中脱离

项目三

直流稳压电源的制作

知识目标

- ◆ 理解单相桥式整流电路的基本组成、工作原理。
- ◆ 理解电容滤波电路的基本组成、工作原理和适用场合。
- ◆ 掌握并联稳压电路的形式、稳压原理及电路特点。
- ◆ 掌握三极管串联稳压电路的形式,理解稳压原理。

技能目标

- ◆ 能够自己选取元器件,组装桥式整流、电容滤波电路,能进行简单的工程计算。
- ◆ 能够根据实物电路板,分析和画出整流、滤波电路原理图。
- ◆ 能用双踪示波器同时观察并记录整流、滤波电路的输入电压 u_i 和输出电压 u_o 的波形,并记录波形。
- ◆ 能够按电路图安装和制作稳压电源,并能调整输出电压。
- ◆ 初步具有检查、排除稳压电路故障的能力。

任务 3-1 整流电路和滤波电路的制作

知识树

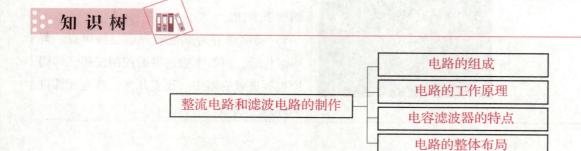

任务描述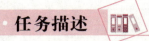

一、单相桥式整流电路

整流电路的功能是将交流电转换成脉动直流电,如图 3-1 所示。利用二极管的单向导电特性可实现单相整流和三相整流。单相整流电路多用于小容量(200 W 以下)整流装置中。本任务是制作最简单的、最常用的单相桥式整流电路。

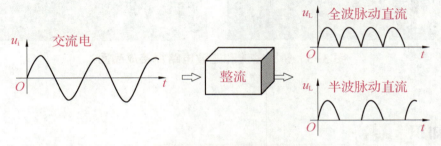

图 3-1 桥式整流电路

二、电容滤波电路

整流电路的输出电压中都含有较大的脉动成分,即含有很大的交流成分,因而不能直接作为电子设备的直流电源来使用,必须采取措施来减小输出电压中的交流成分,使输出电压接近于理想的直流电压。这种措施就是采用滤波电路,将交流成分滤除,以得到比较平滑的输出电压波形,如图 3-2 所示。从已学过的电工知识可知,电感与电容都是储能元件,当电源电压变高时,它们把能量存储起来;而当电源电压下降时,它们又将能量释放出来,从而使电压波动减小。因此,滤波电路通常由电容器 C 和电感器 L 等元件组成。滤波电路又称为滤波器,常用的有电容滤波器、电感滤波器和复式滤波器。本任务是制作电容滤波电路。

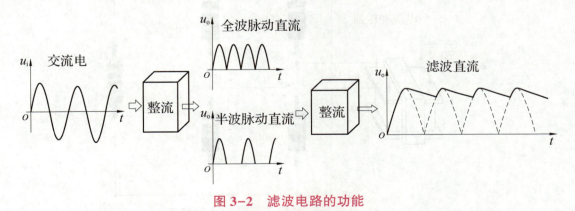

图 3-2 滤波电路的功能

任务成品展示

桥式整流和滤波电路焊接成品图如图 3-3 所示。

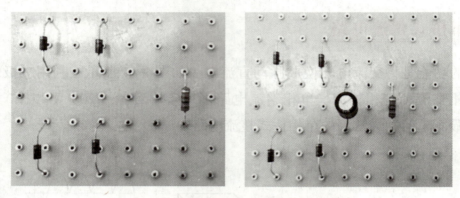

图 3-3 桥式整流和滤波电路焊接成品图

任务相关知识

一、单相桥式整流电路

1. 电路的组成

单相桥式整流电路由电源变压器 T、4 只整流二极管 $VD_1 \sim VD_4$ 和负载 R_L 组成。其中 4 只整流二极管组成桥式电路的 4 条臂，变压器次级绕组和接负载的输出端分别接在桥式电路的两对角线顶点，其元器件实物连接图如图 3-4 所示，图 3-5（a）所示为电路原理图，通常也用图 3-5（b）的画法。

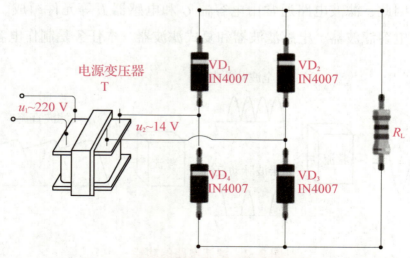

图 3-4 单相桥式整流元器件实物连接图

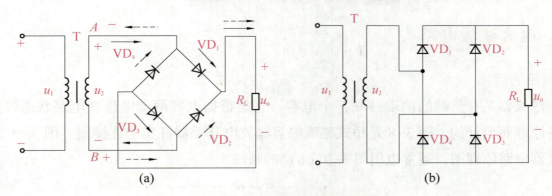

图 3-5 单相桥式整流电路图

（a）电路原理图 1；（b）电路原理图 2

2. 电路的工作原理

1）u_2 为正半周时，变压器次级线圈的电压极性为 A 正 B 负，二极管 VD_1 和 VD_3 正偏导通，在负载 R_L 上获得单向脉动电流，此时 VD_2、VD_4 受到反向电压而截止。图 3-6（a）中可以看出，单向脉动电流流向为 A 端→VD_1→R_L→VD_3→B 端，负载上电流方向从上到下，其电压极性为上正下负。

2）u_2 为负半周时，变压器次级线圈的电压极性为 B 正 A 负，二极管 VD_2、VD_4 正偏导通，在负载 R_L 上获得单向脉动电流，此时 VD_1、VD_3 受到反向电压而截止。图 3-6（b）中可以看出，单向脉动电流流向为 B 端→VD_2→R_L→VD_4→A 端，负载上电流方向还是从上到下，其电压极性仍为上正下负。

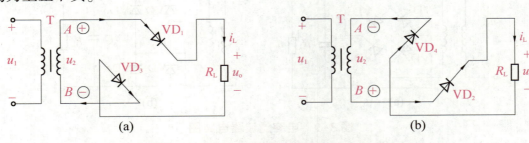

图 3-6 单相桥式整流电路的电流通路

3）综上所述，在交流电正、负半周都有同一方向的电流流过 R_L，4 个二极管中两个为一组，两组轮流导通，在负载上得到全波脉动的直流电压和电流，所以这种整流电路属于全波整流类型。

4）单相桥式整流电路中各电压、电流波形如图 3-7 所示。

5）单相桥式整流电路输出直流电压 u_o 可按下述方法进行估算

$$u_o \approx 0.9 u_2$$

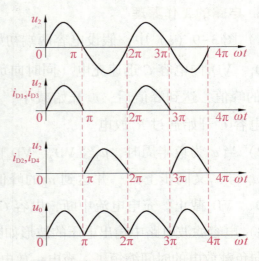

图 3-7 单相桥式整流电路中各电压、电流波形

二、电容滤波电路

1. 电路的组成

电容滤波器是在负载的两端并联一个电容。它是根据电容两端电压在电路状态改变时不能突变的原理而设计的。图3-8是桥式整流电容滤波电路元器件实物连接图；图3-9（a）是电容滤波器电路原理图，通常也用图3-9（b）的画法。

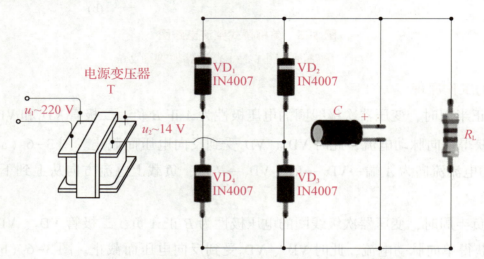

图3-8 桥式整流电容滤波电路元器件实物连接图

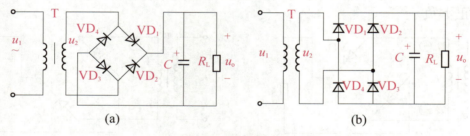

图3-9 电容滤波器电路图

（a）电容滤波器电路原理图1；（b）电容滤波器电路原理图2

2. 电路的工作原理

1）图3-9（a）中，假设电容两端初始电压为0，接入交流电源后，当 u_2 为正半周时，u_2 经 VD_1、VD_3 向电容 C 迅速充电（同时向负载供电），电容 C 两端电压 u_C 与 u_2 同步上升，并达到 u_2 的峰值，达到峰值后，u_2 开始减小。当 $u_C \geq u_2$ 时，二极管 VD_1、VD_3 截止，充电电流中断，电容 C 开始通过 R_L 放电。

2）当 u_2 为负半周时，u_2 经 VD_2、VD_4 向电容 C 迅速充电（同时向负载供电），电容 C 两端电压 u_C 与 u_2 又同步上升，并达到 u_2 的峰值，达到峰值后，u_2 开始减小。当 $u_C \geq u_2$ 时，二极管 VD_2、VD_4 截止，充电电流中断，电容 C 开始通过 R_L 放电。

3）电容滤波电路中输出电压的波形如图3-10所示。在一个周期内，电容要充、放电两次，电容向负载放电的时间缩短了，充电—放电的过程周而复始，因此输出电压的波形更加平滑。

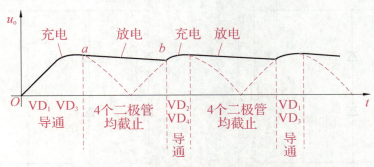

图 3-10 电容滤波电路输出电压的波形

3. 电容滤波器的特点

1）在电容滤波电路中，电容 C 的容量或 R_L 的阻值越大，电容 C 放电越慢，输出的直流电压就越大，滤波效果也就越好。反之，电容 C 的容量或 R_L 的阻值越小，输出电压低且滤波效果差。

2）在采用大容量的滤波电容时，接通电源的瞬间，充电电流特别大，所以电容滤波器只适用于负载电流较小的场合。

3）桥式整流加电容滤波器时，电容滤波的输出直流电压 u_o 可按下述方法进行估算

$$u_o \approx 1.2 u_2$$

三、电路板的设计

1. 备齐元器件及设备

元器件及设备清单如表 3-1 所示。

表 3-1 元器件及设备清单

序号	名称	标号	规格	数量	单位	图例	参考价格/元
1	二极管	$VD_1 \sim VD_4$	IN4007	4	只		0.15
2	电解电容	C	47 μF 50 V	1	只		0.3
3	电阻	R_L	5.1 kΩ	1	只		0.15
4	导线		芯径 0.5 mm 单股铜线	若干	m	略	0.5
5	双踪示波器			1	台	略	略
6	电源变压器	T	24 V 或 36 V	1	个	略	18

2. 电路的整体布局

单相桥式整流电路布局装配图如图 3-11 所示；整流滤波电路布局装配图如图 3-12 所示。

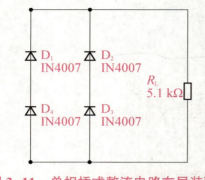
图 3-11　单相桥式整流电路布局装配图

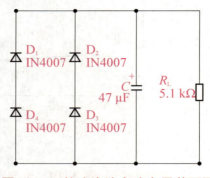
图 3-12　整流滤波电路布局装配图

任务 3-2　稳压管并联型稳压电路的制作

知 识 树

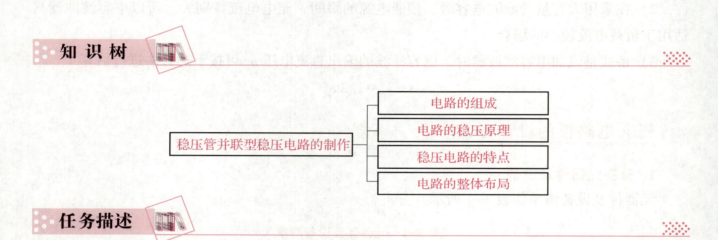

任务描述

前面已经制作的整流、滤波电路虽然能把交流电变为较平滑的直流电，但输出的电压仍是不稳定的。一是交流电网电压的波动，使整流滤波后输出的直流电压随之变化；二是负载电流的变化会引起输出电压的变动。为了保持输出电压的稳定，通常需在滤波电路之后接入稳压电路。稳压电路的具体形式有并联型稳压电路、串联型稳压电路和开关型稳压电路等。

稳压电路的整体框图如图 3-13 所示。小功率的稳压电路由电源变压器、整流电路、滤波电路和稳压电路 4 部分组成。

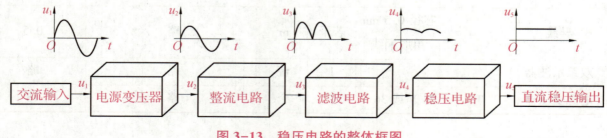
图 3-13　稳压电路的整体框图

稳压管工作在反向击穿区时，流过稳压管的电流在相当大的范围内变化，其两端的电压

项目三 直流稳压电源的制作 57

基本不变。利用稳压管的这一特性,将稳压管与负载电阻并联可实现电源的稳压功能。本任务用硅稳压二极管组成简单的并联型稳压电路。

任务成品展示

稳压管并联型稳压电路焊接成品图如图 3-14 所示。

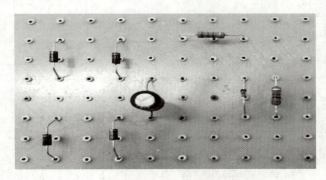

图 3-14 稳压管并联型稳压电路焊接成品图

任务相关知识

一、稳压管并联型稳压电路

1. 电路的组成

图 3-15 是硅稳压管稳压电路元器件实物连接图,它是运用稳压管 VZ 反向并联在负载 R_L 两端,所以这是一个并联型稳压电路。电阻 R 起限流和分压作用。稳压电路的输入电压 u_e 来自整流、滤波电路的输出电压。图 3-16(a)是稳压管并联型稳压电路原理图,通常也用图 3-16(b)的画法。

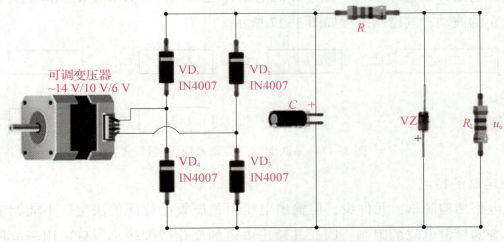

图 3-15 硅稳压管稳压电路元器件实物连接图

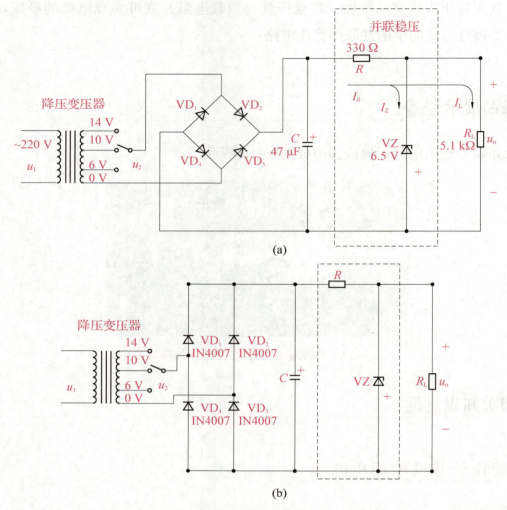

图 3-16 稳压管并联型稳压电路图
（a）稳压管并联型稳压电路原理图 1；（b）稳压管并联型稳压电路原理图 2

2. 电路的稳压原理

当输入电压 u_1 升高时，输出电压 u_o 随之增大，那么稳压管的反向电压 u_Z 也会上升，从而引起稳压管电流 I_Z 的急剧加大，流过 R 的电流 I_R 也加大，导致 R 上的压降上升，从而抵消了输出电压 u_o 的波动，其稳压过程如图 3-17 所示。

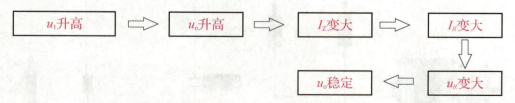

图 3-17 并联型稳压电路的稳压过程

3. 稳压电路的特点

该稳压电路结构简单，元件少，但输出电压由稳压管的稳压值决定，不能调节且输出电流亦受稳压管的稳定电流的限制，因此其输出电流的变化范围较小，只适用于电压固定的小功率负载电流变化不大的场合。

二、电路板的设计

1. 备齐元器件及设备

元器件及设备清单如表 3-2 所示。

表 3-2 元器件及设备清单

序号	名称	标号	规格	数量	单位	图例	参考价格/元
1	二极管	$VD_1 \sim VD_4$	IN4007	4	只		0.15
2	电解电容	C	47 μF 或 100 μF 50 V	1	只		0.3
3	电阻	R	330 Ω	1	只		0.15
4	电阻	R_L	5.1 kΩ	1	只		0.15
5	稳压管	VZ	6.5 V（2CW54）	1	只		0.3
6	导线		芯径 0.5 mm 单股铜线	若干	m	略	0.5
7	调压器	T		1	台	略	略

2. 电路的整体布局

稳压管并联型稳压电路布局装配图如图 3-18 所示。

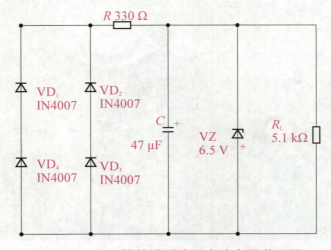

图 3-18 稳压管并联型稳压电路布局装配图

任务 3-3　三极管串联型稳压电路的制作

知 识 树

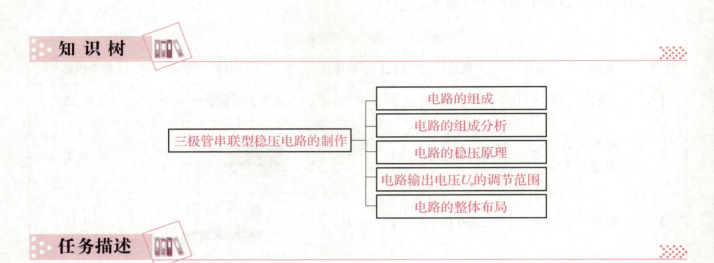

任务描述

直流稳压电源是一种常用的电子仪器，其功能是将交流电转换成电子设备所需要的直流电，为各种电子电路提供直流电源。直流稳压电源在各种科研装置和电子电气装置中都是必不可少的供电设备。当负载电流较大，且要求稳压特性较好时，一般采用三极管串联型稳压电路。本任务是制作三极管串联型稳压电路。

任务成品展示

三极管串联型稳压电路焊接成品图如图 3-19 所示。

图 3-19　三极管串联型稳压电路焊接成品图

项目三 直流稳压电源的制作

任务相关知识

一、三极管串联型稳压电路

1. 电路的组成

1) 三极管串联型稳压电路框图如图 3-20 所示，它由取样电路、基准电压、比较放大电路及调整元器件等环节组成。

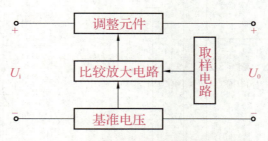

图 3-20 三极管串联型稳压电路框图

2) 三极管串联型稳压电路元器件实物连接图如图 3-21 所示，图 3-22 为其电路原理图。

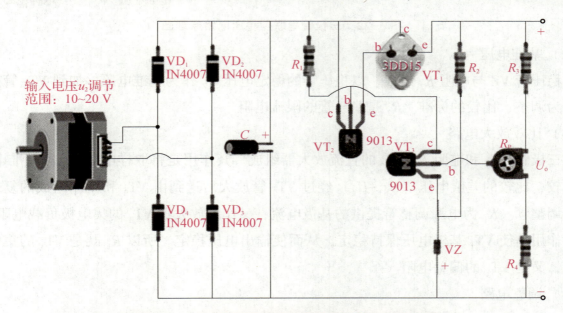

图 3-21 三极管串联型稳压电路元器件实物连接图

2. 电路的组成分析

图 3-22 为三极管串联型稳压电路原理图的组成分析。

（1）取样电路

电阻 R_3、R_4 和电位器 R_P 构成取样电路，它从输出电压中按一定比例取出部分电压 U_{B3} 送到 VT_3 管的基极。由于 U_{B3} 能反映输出电压的变化，所以称其为取样电压。调节 R_P 可以调整输出电压的大小。

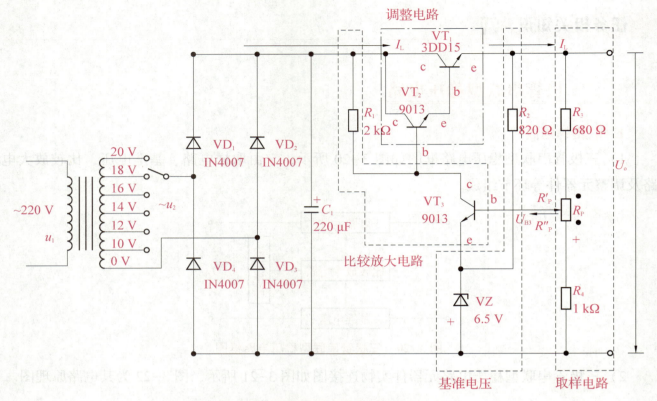

图 3-22 三极管串联型稳压电路原理图

（2）基准电压

由稳压管 VZ 与电阻 R_2 组成。以稳压管的稳定电压 U_Z 作为基准电压，加到 VT_3 管的发射极，作为调整、比较的标准。R_2 是稳压管的限流电阻。

（3）比较放大电路

由三极管 VT_3 和电阻 R_1 构成的直流放大器组成。其作用是将取样电压 U_{B3} 和基准电压 U_Z 进行比较，比较的差值电压（$U_{B3}-U_Z$）经过 VT_3 管放大后送到由 VT_2 和 VT_1 组成的复合管作为控制调整管。R_1 为电源调整管提供的基极电流，又作为放大管 VT_3 的集电极负载电阻，VT_3 分流的作用是使 VT_1 基极电压保持稳定，从而使输出电压稳定。所以 R_1 既是 VT_3 的集电极负载电阻，又是 VT_1 的偏置电阻。

（4）调整电路

由一个小功率三极管 VT_2 和一个大功率三极管 VT_1 连接而成的复合管组成。VT_1 管与负载 R_L 串联，故称此电路为串联型稳压电路。调整管 VT_1 相当于一个可变电阻，在比较放大电路输出信号的控制下自动调节其集射极之间的电压降，以抵消输出电压的波动。

使用复合管作为调整管的原因有以下两点。

1）图 3-22 中 VT_1、VT_2 组成的复合管作为电源调整管。可以看出，采用复合管可使电流放大倍数有几十上百倍的增加，能使稳压控制更精准。

2）一方面，在稳压电源中，如果负载电流 I_L 要流过调整管 VT_1，那么输出大电流的电源必须使用大功率的调整管，这就要求有足够大的电流来供给调整管 VT_1 的基极，而比较放大

电路中的 VT_3 管供不出所需要的大电流；另一方面，调整管 VT_1 需要有较高的电流放大倍数，才能有效地提高稳压性能，但是大功率管一般电流的放大倍数都不高。解决这些矛盾的办法，就是给原有的调整管 VT_1 再配上一个"助手" VT_2 管，组成复合管，这样复合管的放大倍数为 $\beta_1 VT_1 \cdot \beta_2 VT_2$（$\beta_1$ 为 VT_1 放大倍数，β_2 为 VT_2 放大倍数）。

3. 电路的稳压原理

图 3-23 为三极管串联型稳压过程分析图。

1) 当输入电压 U_C 升高时，引起输出电压 U_o 上升，会使取样电压 U_{B3} 增加，则流入 VT_3 管的电流 I_{B3} 增大，使 U_{BE3} 增大；而 U_{CE3} 减小使集电极电位 $U_{C3}=U_{B2}$ 下降，从而使 VT_2 管的基极电流 I_{B2} 随之减小，同时 U_{BE2} 减小，故流入 VT_1 管的基极电流 I_{B1} 减小，从而使 U_{BE1} 减小、I_{C1} 减小（相当于 VT_1 管 c、e 极之间的电压增大），即管压降 U_{CE1} 的增大使输出电压 U_o 减小，从而保持 U_o 基本稳定不变。

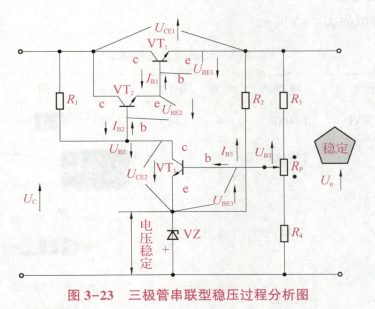

图 3-23　三极管串联型稳压过程分析图

串联型稳压电路的稳压过程如图 3-24 所示。

图 3-24　串联型稳压电路的稳压过程

2) 反之，当输入电压 U_C 发生变化造成输出电压 U_o 下降时，其稳压过程与上面的分析一样，只不过变化趋势相反而已。

4. 电路输出电压 U_o 的调节范围

图 3-22 中，调节 R_P 可以调节输出电压 U_o 的大小，使其在一定的范围内变化，输出电压 U_o 的范围是由取样电阻来决定，可以用下面的公式来进行计算。

1) 当可调电位器 R_P 的滑动触点向下移动时，R_P'' 变小，输出电压 U_o 变大。滑动触点向下

移到底时，R_P''变到最小，可得输出电压$U_{o最大}$值为

$$U_{o最大} = \frac{R_3 + R_4 + R_P}{R_4}(U_Z + U_{BE3}) \approx \frac{R_3 + R_4 + R_P}{R_4}U_Z$$

2）当可调电位器R_P的滑动触点向上移，R_P'变大，输出电压U_o变小。滑动触点向上移到顶时，R_P'变到最大，可得输出电压$U_{o最小}$值为

$$U_{o最小} = \frac{R_3 + R_4 + R_P}{R_4 + R_P}(U_Z + U_{BE3}) \approx \frac{R_3 + R_4 + R_P}{R_4 + R_P}U_Z$$

通常$U_Z \gg U_{BE3}$，所示U_{BE3}可以忽略不计。

二、电路板的设计

1. 备齐元器件及设备

元器件及设备清单如表3-3所示。

表3-3 元器件及设备清单

序号	名称	标号	规格	数量	单位	图例	参考价格/元
1	二极管	$VD_1 \sim VD_4$	IN4007	4	只		0.15
2	电解电容器	C	220 μF 50 V	1	只		0.3
3	电阻	R_1	2 kΩ	1	只	红 黑 红 金	0.15
4	电阻	R_2	820 Ω	1	只	灰 红 棕 金	0.15
5	电阻	R_3	680 Ω	1	只	蓝 灰 棕 金	0.15
6	电阻	R_4	1 kΩ	1	只	棕 黑 红 金	0.15
7	电位器	R_P	1 kΩ	1	只		0.3

续表

序号	名称	标号	规格	数量	单位	图例	参考价格/元
8	大功率三极管	VT_1	3DD15	1	只		3
9	小功率三极管	VT_2、VT_3	9013	1	只		0.3
10	稳压二极管	VZ	6.5 V	1	只		0.3
11	导线		芯径0.5 mm 单股铜线	若干	m	略	0.5
12	调压器	T		1	台	略	略

2. 电路的整体布局

三极管串联型稳压电路布局装配图如图3-25所示。

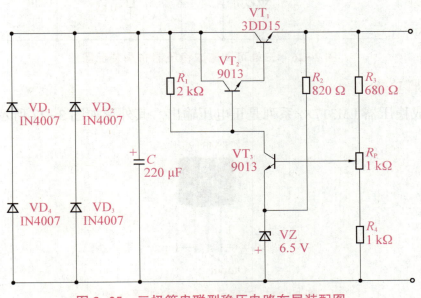

图3-25 三极管串联型稳压电路布局装配图

三、技能拓展

三端可调集成稳压器的制作。

任务描述

分立元器件稳压电源存在组装麻烦、可靠性差、体积大等缺点。采用集成技术在单片晶体上制成的集成稳压器，具有体积小、外围元器件少、性能稳定可靠、使用调整方便等优点，因而得到广泛的应用，尤其是小稳压电源以三端式串联集成稳压器应用最为广泛。下面制作一台三端可调集成稳压电源。

1. 电路的整体布局

三端可调集成稳压器布局装配图如图 3-26 所示。

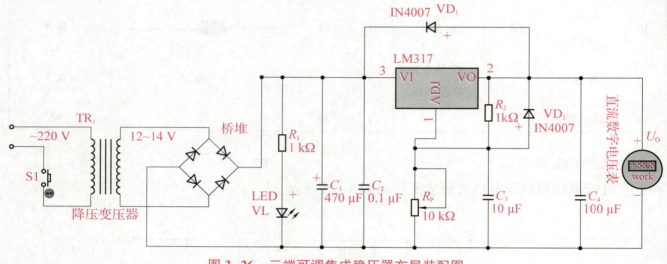

图 3-26 三端可调集成稳压器布局装配图

2. LM317 引脚功能

三端可调集成稳压器 LM317×× 系列是正电压输出。其外形如图 3-27 所示。

图 3-27 三端可调集成稳压器外形
1—调整端；2—输出端；3—输入端

3. 电路的组成

1）电位器 R_P 和电阻 R_2 组成取样电阻分压器，接 LM317 稳压器的调整端 1 脚，改变 R_P 可以调节输出电压 U_0 大小，输出电压在 1.25~14.30 V 范围内连续可调。输入电压接 LM317 稳压器的 3 脚，2 脚是输出稳定电压。

2）在输入端并联电容 C_2 的作用：旁路整流电路输出的高频干扰信号；电容 C_3 可消除 R_P

上的纹波电压，使取样电压稳定；电容 C_4 起消振作用。

3）二极管 VD_1、VD_2 的作用：当集成稳压器停止工作后，以防止电容 C_3、C_4 放电引起的集成稳压器的损坏，因此稳压器 LM317 需外接保护二极管 VD_1、VD_2，将电容 C_3、C_4 所放电经 VD_1、VD_2 从输入回路放电。

4. 原理分析

三端集成稳压器内部主要由取样电路、基准电压、比较放大电路和调整元件 4 部分组成。电压调整元器件与负载串联，取样电路从输出电压中取出一部分电压，与基准电压进行比较从而产生误差电压，该误差电压经放大后去控制调整元器件的内阻，从而使输出电压稳定。

5. 电路连接

1）制作时参照图 3-26 安装。应注意：电源变压器的输入线圈与带插头的电源线焊接好后，要套上绝缘套管以便可缠上绝缘胶带，防止触电。

2）可调集成稳压器 LM317 或 CW317 在不加散热片时其功耗为 1 W 左右；当加散热片时其功耗可达 20W，故需要在集成稳压器上加装散热片，散热片面积为 200 mm×200 mm。

6. 检测自制稳压电源性能

测量输出电压调节范围，不接负载，将稳压电源通电，当调节 R_P 分别为阻值最大和最小时，测量输出电压 U_O 的调节范围，并将数据记录在表 3-4 中。

表 3-4 电路输出电压调节范围

电位器 R_P 状态	阻值最大	阻值最小
输出电压 U_O		

7. 自制稳压器实物

自制稳压器实物图如图 3-28 所示。

图 3-28 自制稳压器实物图

项目四

三极管放大电路的应用

知识目标

- ◆理解三极管的结构，掌握三极管的电流分配关系及放大原理。
- ◆掌握三极管的输入和输出特性，了解其主要参数的定义。
- ◆掌握单级低频放大电路的组成和工作原理。
- ◆掌握三极管8050、蜂鸣器、发光二极管的外形和图形符号。
- ◆理解花盆缺水报警器电路的基本组成，理解其工作原理。
- ◆理解花盆缺水报警器电路中8050、蜂鸣器、发光二极管的作用。
- ◆掌握三极管8050、光敏电阻R_G、LED的外形和图形符号。
- ◆理解高灵敏光控LED灯电路的基本组成，理解其工作原理。
- ◆理解高灵敏光控LED灯电路中8050、光敏电阻R_G的作用。
- ◆掌握三极管8050、驻极体传声器、LED的外形和图形符号。
- ◆理解声控LED闪灯电路的基本组成，理解其工作原理。
- ◆理解声控LED闪灯电路中三极管8050、传声器的作用。
- ◆掌握三极管8050、8550、扬声器和LED的外形和图形符号。
- ◆理解触摸声光电子门铃电路的基本组成，理解其工作原理。
- ◆理解触摸声光电子门铃电路中三极管8050、8550、扬声器的作用。
- ◆掌握三极管9014、电解电容和LED的外形和图形符号。
- ◆理解触摸开关LED灯电路的基本组成，理解其工作原理。
- ◆理解触摸开关LED灯电路中三极管9014、电解电容和LED的作用。
- ◆掌握三极管8050、8550、瓷介电容、扬声器和LED的外形和图形符号。
- ◆理解水满声光报警器电路的基本组成，理解其工作原理。
- ◆理解水满声光报警器电路中三极管8050、8550、瓷介电容和扬声器的作用。

项目四 三极管放大电路的应用 69

技能目标

◆能进行常用的三极管放大应用电路的设计,会画电路图。
◆能够按电路图安装和制作电路。
◆能够初步进行电路检查、排除电路故障。
◆会画花盆缺水报警器的电路图。
◆会画高灵敏光控 LED 灯的电路图。
◆会画声控 LED 闪灯电路图。
◆会画触摸声光电子门铃电路图。
◆会画触摸开关 LED 灯电路图。
◆会画水满声光报警器电路图。

任务 4-1　基本放大电路的制作

知识树

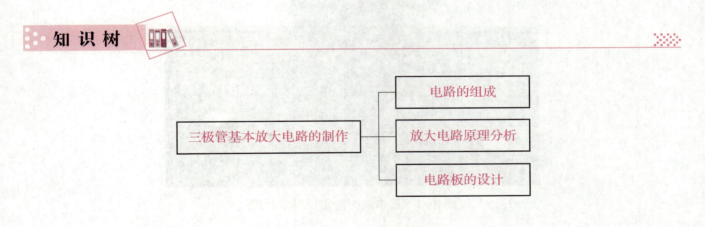

任务描述

放大是最基本的模拟信号处理功能,它是通过放大电路来实现的,大多数模拟电子系统中都采用了不同类型的放大电路。放大电路也是构成其他模拟电路,如滤波、振荡、稳压等功能电路的基本单元电路。

放大电路必须接直流电源才能工作,因为放大后的输出信号功率比输入信号功率大得多,其输出功率是从直流电源转化而来的。所以放大电路实质上是一种能量转换器,它将直流电转换成交流电输出给负载。同时,放大电路要求放大后的信号波形与放大前的信号波形的形状相同或基本相同,即信号不能失真,否则就会丢失要传送的信息,失去了放大的意义。

放大器的功能是把微弱的电信号放大成较强的电信号,扩音机就是放大器的典型应用,如图 4-1 所示。扩音机输入端送入传声器的微弱电信号，经扩音机内部的放大器将信号放大后，从输出端送出较强的电信号，驱动扬声器发出足够的声音。

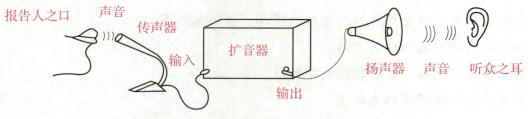

图 4-1　放大器的典型应用

本任务从三极管入手，制作一系列跟三极管有关的日常生活实用型电路。

任务成品展示

基本放大电路焊接成品图如图 4-2 所示。

图 4-2　基本放大电路焊接成品图

任务相关知识

一、基本放大电路的组成

1. 电路形式

共发射极基本放大电路元器件实物连接图如图 4-3 所示，其对应的电路原理图如图 4-4 所示。画电路图时，往往省略电源的图形符号，而用其电位的极性及数值来表示，图 4-3 中 $+V_{CC}$ 表示该点接电池或直流电源的正极，而电源的负极就接在电位为 0 的公共端"⊥"上（即电池的负极）。

项目四 三极管放大电路的应用

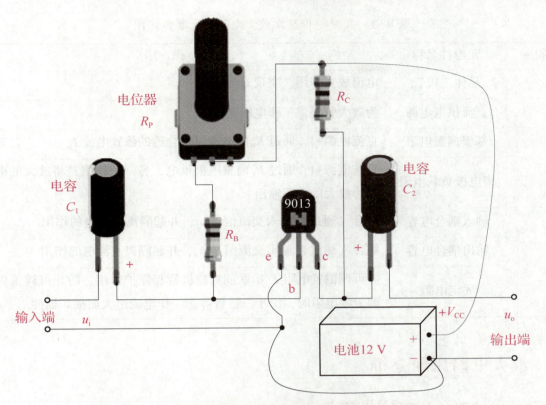

图 4-3 共发射极基本放大电路元器件实物连接图

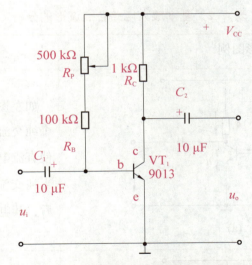

图 4-4 共发射极基本放大电路原理图

2. 元件作用

共发射极基本放大电路的元器件作用如表 4-1 所示。

表 4-1 共发射极基本放大电路的元器件作用

元器件符号	元器件名称	作 用
VT_1	晶体三极管	电流放大作用，实现 $i_C = \beta i_B$
$+V_{CC}$	直流供电电源	为放大管提供工作电压和电流
R_P	基极偏置电阻	直流电源 $+V_{CC}$ 通过 R_P 向基极提供合适的偏置电流 I_B
R_C	集电极负载电阻	直流电源 $+V_{CC}$ 通过 R_C 向集电极供电，另一个作用是将放大的电流 i_C 转换为放大的电压输出
C_1	输入耦合电容	耦合（通过）输入交流信号 u_i，并起隔离直流电的作用
C_2	输出耦合电容	耦合（通过）输出交流信号 u_o，并起隔离直流电的作用
R_B	固定电阻	与可调偏置电阻 R_P 串联能对三极管起保护作用，防止可调偏置电阻在调为零电阻时，由于三极管静态工作电流过大而损坏器件

二、放大电路原理分析

1. 基本放大电路各点波形的分析

运用图解法来分析放大电路的原理。基本放大电路各点波形的分析如表 4-2 所示。

表 4-2 基本放大电路各点波形的分析

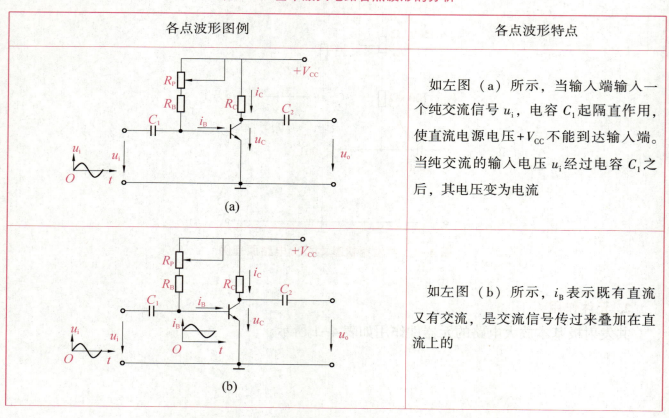

各点波形图例	各点波形特点
(a)	如左图（a）所示，当输入端输入一个纯交流信号 u_i，电容 C_1 起隔直作用，使直流电源电压 $+V_{CC}$ 不能到达输入端。当纯交流的输入电压 u_i 经过电容 C_1 之后，其电压变为电流
(b)	如左图（b）所示，i_B 表示既有直流又有交流，是交流信号传过来叠加在直流上的

各点波形图例	各点波形特点
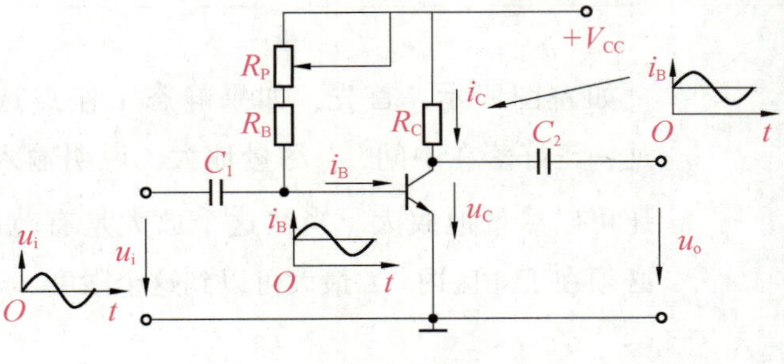 (c)	如左图（c）所示，电流 i_B 经过晶体三极管后变成了 i_C，i_C 原样放大，直流放大，交流也放大，此时 i_C 是没有失真地放大
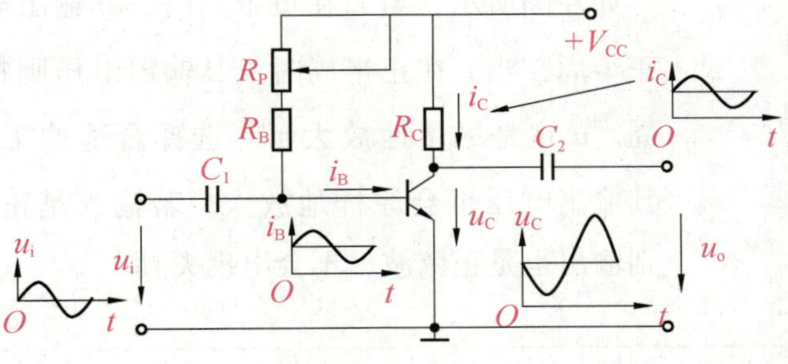 (d)	如左图（d）所示，电流 i_C 经过电阻 R_C 变成 u_C（即 u_{CE}）。当 i_C 转换成 u_{CE} 时，同样直流和交流都存在，根据晶体三极管的输出特性曲线，通过交流负载线之后，i_C 与 u_{CE} 的相位是相反的，相差了 180°；当 i_C 是正半周时，u_{CE} 就变成了负半周了
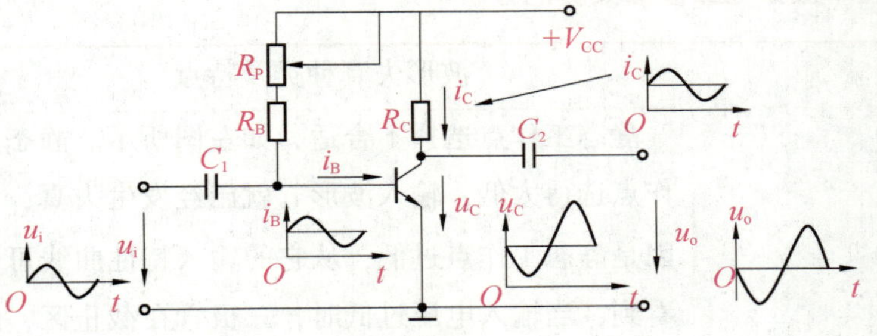 (e)	如左图（e）所示，当电压 u_C 通过电容 C_2，直流被阻断掉，交流 u_o 保留输出；纯交流 u_i 经过一系列的波形变化得到一个放大而不失真的纯交流 u_o，图中可以看到输出电压 u_o 与输入电压 u_i 的相位是相反的

2. 基本放大电路失真的分析

理论课时学完放大电路这一章，会发现主要在讲放大电路放大原理，放大倍数是多少，但还有一个重要的问题是失真。放大电路要求是原样的放大，不能发生波形的歧变，不能发生失真；但如果放大电路没有原样的放大就说明波形出现了失真。

在放大电路中，输出信号应该成比例地放大输入信号（即线性放大）；如果两者不成比例，则输出信号不能反映输入信号的情况，即放大电路产生了非线性失真。

可以用图解法来分析造成失真的原因。假设负载是空载，基本放大电路波形原样放大和失真的分析分别如表 4-3 和表 4-4 所示。

表 4-3　基本放大电路波形原样放大的分析

波形原样放大图例	波形原样放大特点
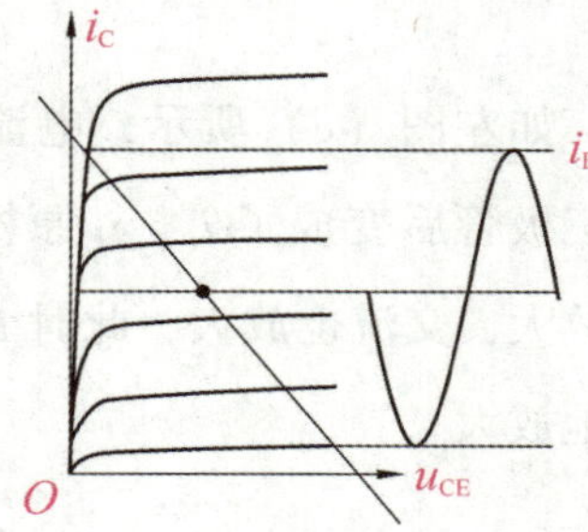 (图：i_C-u_{CE} 特性曲线，静态工作点在中间，i_B 输入波形)	如左图所示，首先，如果静态工作点选得合适，正好落在中间，i_B 尽量地大，说明输入的电压可以尽量地放大。当然这个放大是有范围的，必须在工作区内。i_B 最大可以到这个限度
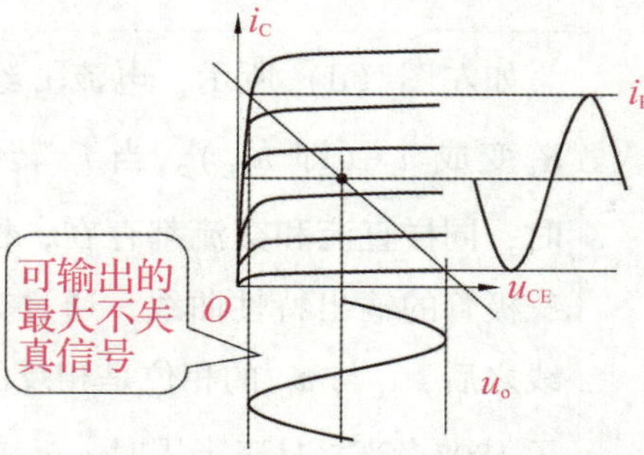 (图：i_C-u_{CE} 特性曲线，i_B 输入波形，u_o 输出波形，标注"可输出的最大不失真信号")	如左图所示，当 i_B 在负半周时，其输出电压在正半周，当 i_B 在正半周时，其输出电压则在负半周。u_o 也是尽量地放大了。选择合适的工作点，其输出电压也会原样地放大。若输入是正弦波，则输出也是正弦波，不会出现失真

表 4-4　基本放大电路波形失真的分析

波形失真图例	波形失真种类及特点
工作点 Q 过低，信号进入截止区 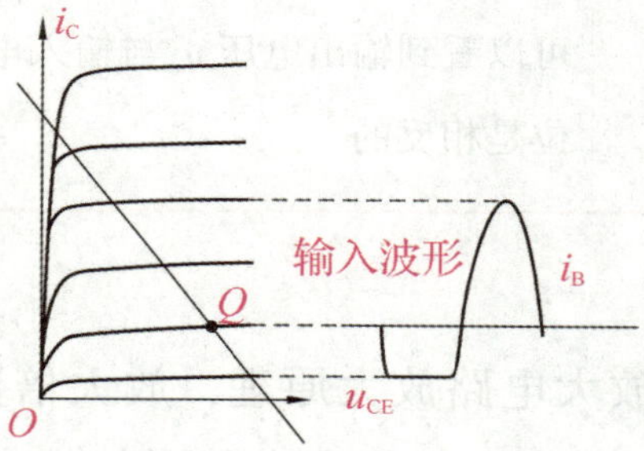 (图：i_C-u_{CE} 特性曲线，工作点 Q 低，输入波形 i_B 负半周失真)	静态工作点选择不合适，如左图所示。静态工作点选得太低，输入波形 i_B 就已经发生失真，原因是静态工作点过低，从它的输入特性曲线可以看到，当输入电压过低时，三极管在截止区，即死区，这时 i_B 不会随着输入电压 u_i 的变化而变化，此时 i_B 近似为零，被截止掉。当 i_B 在负半周发生失真，也就是输入波形发生失真，那么其输出也同样会失真。当 i_B 变成 i_C，若 i_B 失真，则 i_C 当然也就发生失真
工作点 Q 过低，信号进入截止区 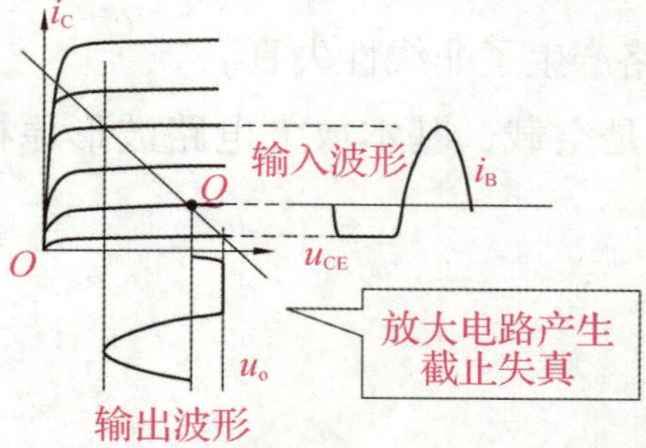 (图：i_C-u_{CE} 特性曲线，输入波形 i_B，输出波形 u_o，标注"放大电路产生截止失真"，"输出波形")	如左图所示，当 i_C 失真，通过交流负载线输出电压的波形也会发生失真，但其输出波形是在正半周失真。在验证实验结果时，会在双踪示波器上看到输出电压的波形为正半周失真，说明是静态工作点过低造成的

续表

波形失真图例	波形失真种类及特点
工作点 Q 过高，信号进入饱合区 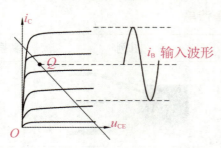	如果静态工作点选择过高，i_B 会不会同样出现失真？如左图所示，i_B 波形不会发生失真，从输入特性曲线可以看到，u_i 可以变成 i_B，但不在死区，所以 i_B 还是正弦波。但如果静态工作点定得太高，i_C 不等于 βi_B，i_C 的变化不会随着 i_B 的增加而线性增加，于是 i_C 就会小于 βi_B。此时所发生的失真是由于 i_C 无法随着 i_B 的增加而线性增加引起的使输出波形落到了饱和区发生的失真，称为饱和失真
工作点 Q 过高，信号进入饱合区 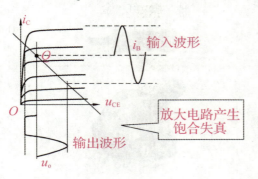	如左图所示，实际上在双踪示波器上只能看到电压信号，看到波形是负半周发生失真。这里要注意的是：i_B 没有失真，是 i_C 的失真造成了输出波形 u_o 发生失真，所以当静态工作点设置过高时，输出电压波形底部被削去从而产生了饱和失真
交流输入 u_i 过大时，信号同时进入饱和区和截止区，造成饱和、截止同时失真 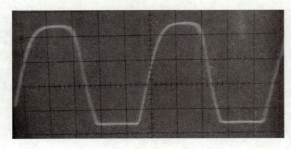	如左图所示，还会出现饱和和截止同时失真的情况。即使静态工作点选得很合适，但当输入的交流信号 u_i 太大时，已经超过了三极管的工作区，就会出现波形负半周落在了截止区，而正半周又落在了饱和区的情况。所以对输入交流电压 u_i 也有一定的要求，u_i 不能太大，如果大到一定程度，那么正、负半周都会出现失真

三、电路板的设计

1. 备齐元器件及设备

元器件及设备清单如表4-5所示。

表4-5 元器件及设备清单

序号	名称	标号	规格	数量	单位	图例	参考价格/元
1	三极管	VT	9013	1	只		0.3
2	电阻	R_B	100 kΩ	1	只	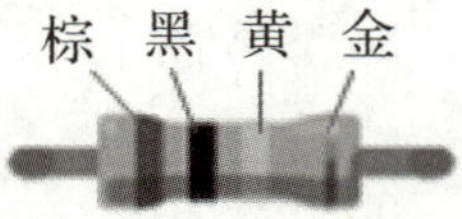 棕 黑 黄 金	0.15
3	电阻	R_C	1 kΩ	1	只	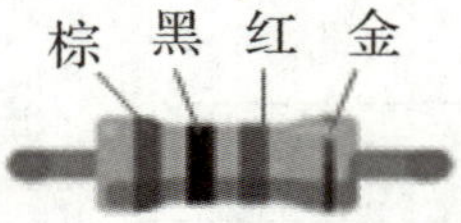 棕 黑 红 金	0.15
4	电位器	R_P	500 kΩ	1	只		3
5	电解电容	C_1、C_2	10 μF 25 V	2	只	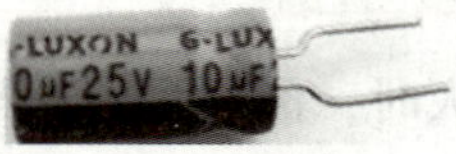	0.2
6	导线		芯径 0.5 mm 单股铜线	若干	m	略	0.5
7	直流稳压电源			1	台	略	略
8	低频信号发生器			1	台	略	略
9	双踪示波器			1	台	略	略

2. 电路的整体布局

三极管基本放大电路布局装配图如图4-5所示。

项目四 三极管放大电路的应用

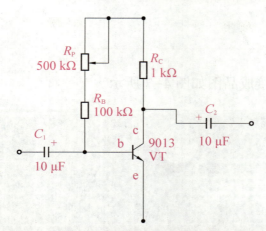

图 4-5 三极管基本放大电路布局装配图

任务 4-2 花盆缺水报警器的制作

知识树

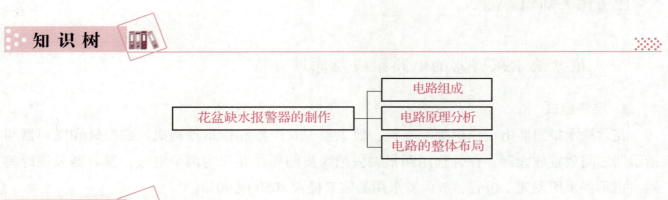

任务描述

花盆中土壤缺少水分，时间久了，花草会枯黄。尤其是对于水的控制，没办法时时刻刻去关注；有时花盆中的花卉是否需要浇水，光靠观察其表面土壤是否湿润是不科学的。因此，为了解决这些问题，市场上推出了一款专用检测土壤温度的检测装置，即花盆缺水报警器，如图 4-6 所示。

花盆缺水报警器的关键在于检测部分，能够在花盆缺水的时候发出声音信号，提醒人们浇水。A、B 电极（图 4-8）可用导电金属线制成，连接进入电路。将 A、B 插入土中，当 A、B 间电阻小于 4 kΩ 时就会起振，通过调节 A、B 插入土中的深度和间隔，并参照花的需水量，就可以调出最佳的缺水报警时间。本任务是制作一个花盆缺水报警器，当盆中缺水时，指示器就会发出闪光信号，同时蜂鸣器工作并发出鸣叫。

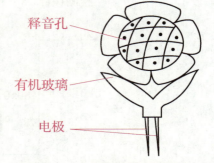

图 4-6 花盆缺水报警器

任务成品展示

花盆缺水报警器电路焊接成品图如图4-7所示。

花盆缺水测试仪电路

图4-7 花盆缺水报警器电路焊接成品图

任务相关知识

一、花盆缺水报警器的电路组成及原理分析

1. 电路组成

花盆缺水报警器由工作电源、探针、放大器、发声器和指示器构成。在探针和发声器与指示器之间放置放大器,探针选用两根剥去绝缘皮的导线并作为两个电极,发声器采用蜂鸣器,指示器采用发光二极管,放大器采用晶体三极管8050或9013。

花盆缺水报警器元器件实物连接图如图4-8所示。

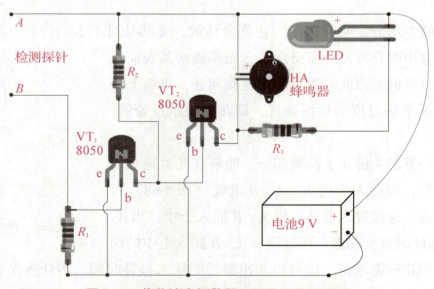

图4-8 花盆缺水报警器元器件实物连接图

2. 电路原理分析

花盆缺水报警器电路原理图如图 4-9 所示。

1）将检测探针 A、B 插入到花盆中，当探针接触到的土壤湿度较大时，土壤的电阻率很小，即 A、B 两点之间的电阻很小，那么加在三极管 VT_1 基极电流足以让它导通。在 VT_1 导通后，集电极电压接近为 0 V，三极管 VT_2 的基极电压由于无电压而截止，此时发光二极管 LED 熄灭，蜂鸣器 HA 停止工作。

2）当探针检测到花盆湿度较小时（也就是需要浇水时），土壤的电阻率便大大增加，即 A、B 两点之间的电阻很大，大到三极管 VT_1 基极因没有电流而截止，三极管 VT_2 导通，此时发光二极管 LED 被点亮，蜂鸣器 HA 工作，发出鸣响。

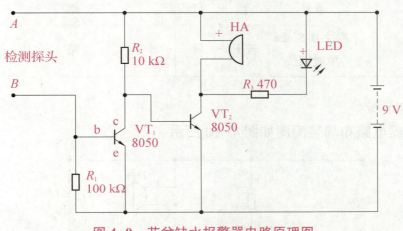

图 4-9 花盆缺水报警器电路原理图

二、电路板的设计

1. 备齐元器件及设备

元器件及设备清单如表 4-6 所示。

表 4-6 元器件及设备清单

序号	名称	标号	规格	数量	单位	图例	参考价格/元
1	电阻	R_1	100 kΩ	1	只	棕黑黑橙棕	0.15
2	电阻	R_2	10 kΩ	1	只	棕黑黑红棕	0.15
3	电阻	R_3	470 Ω	1	只	黄紫黑黑棕	0.15

续表

序号	名称	标号	规格	数量	单位	图例	参考价格/元
4	发光二极管	LED	绿 $\phi 10$ mm	1	只		1
5	三极管	VT_1 VT_2	8050 或 9013	2	只		0.3
6	蜂鸣器	HA	有源	1	只		2
7	电池		9 V	1	只	略	10
8	导线		芯径 0.5 mm 单股铜线	若干	只	略	0.5

2. 电路的整体布局

花盆缺水报警器电路布局装配图如图 4-10 所示。

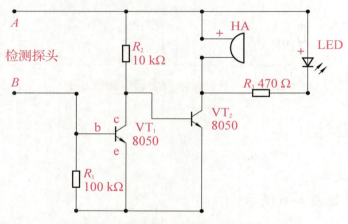

图 4-10 花盆缺水报警器布局装配图

任务 4-3 高灵敏光控 LED 灯的制作

知识树

项目四 三极管放大电路的应用

任务描述

光敏电阻属于半导体光敏器件,除了具备灵敏度高、反应速度快等特点,在高温、多湿的恶劣环境下,还能保持高度的稳定性和可靠性,广泛应用于照相机、太阳能庭院灯、草坪灯、验钞机、迷你小夜灯、光声控开关、路灯自动开关以及各种光控玩具、光控灯饰、灯具等光自动开关控制领域。

以光敏电阻为核心元件的带三极管控制输出的高灵敏光控LED灯电路,是利用光敏电阻的特性而制作的。光敏电阻是通过光线强弱来改变自身电阻值的传感器。光敏电阻不仅能感知光线,还能把光线的强弱变成不同的电阻值。当光线强时,电阻值变小;当光线弱时,电阻值变大。光敏电阻有多种型号,如LG5547、LG5506、LG5569等,使用时不分正、负极。它们有着不同的感光能力。本任务所使用的型号是LG5547,它的感光度适中,适合日常光线下的电子制作。

任务成品展示

高灵敏光控电路焊接成品图如图4-11所示。

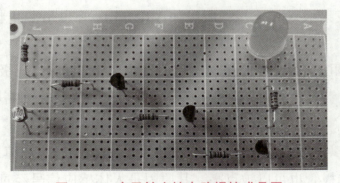

高灵敏光控
LED 灯电路

图 4-11 高灵敏光控电路焊接成品图

任务相关知识

一、高灵敏光控LED灯电路的组成及原理分析

1. 电路组成

高灵敏光控LED灯电路的组成包括3个三极管、5个电阻、1个发光二极管和1个光敏电阻。其元器件实物连接图如图4-12所示。

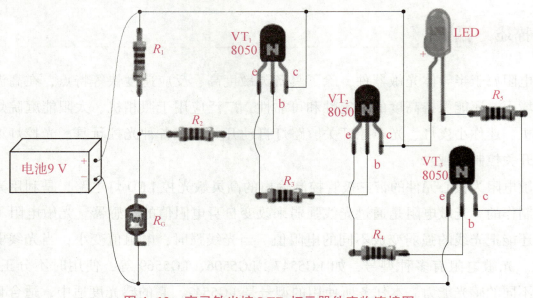

图 4-12　高灵敏光控 LED 灯元器件实物连接图

2. 电路原理分析

高灵敏光控 LED 灯电路原理图如图 4-13 所示，在其电路图原理里，光敏电阻控制 LED 的亮和灭。

1）白天：光敏电阻 R_G 在自然光的照射下呈现低阻值（电阻的阻值变小），使三极管 VT_1 基极电位为低（低电平），从而被反偏置，因此 VT_1 管呈截止（断开）状态；而 VT_2、VT_3 管的基极 b 与 VT_1 管的发射极 e 相连接，所以使 VT_2、VT_3 管也呈截止状态，此时发光二极管 LED 熄灭。

2）黑夜：光敏电阻 R_G 因无光照呈现高阻值（电阻值变大），三极管 VT_1 电位为高电平，处于导通状态，使三极管 VT_2、VT_3 导通并对信号进一步放大，达到高灵敏度，此时发光二极管 LED 被点亮。

3）这个电路还可以稍加修改，将电阻 R_1、R_2 和光敏电阻 R_G 去掉，直接用手指触碰三极管 VT_1 的基极，发光二极管也可以被点亮，其原因是人体感应信号经过多级放大后点亮 LED。实验说明人体是导体，是可以导电的。

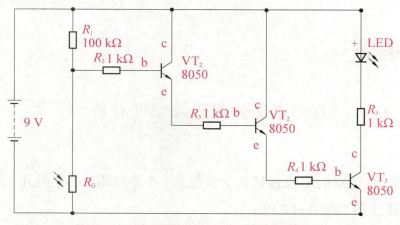

图 4-13　高灵敏光控 LED 灯电路原理图

二、电路板的设计

1. 备齐元器件及设备

元器件及设备清单如表4-7所示。

表4-7 元器件及设备清单

序号	名称	标号	规格	数量	单位	图例	参考价格/元
1	电阻	R_1	100 kΩ	1	只	棕黑黑橙棕	0.15
2	电阻	R_2、R_3、R_4、R_5	1 kΩ	4	只	棕黑黑棕棕	0.15
3	光敏电阻	R_G	φ5 mm	1	只		0.6
4	三极管	VT_1 VT_2 VT_3	8050 或 9013	3	只		0.3
5	发光二极管	LED	绿 φ10	1	只		1
6	电池		9 V	1	只	略	10
7	导线		芯径 0.5 mm 单股铜线	若干	m	略	0.5

2. 电路的整体布局

高灵敏光控LED灯电路布局装配图如图4-14所示。

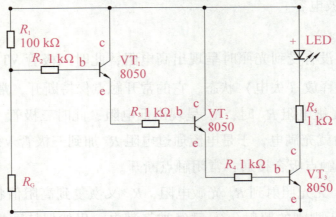

图4-14 高灵敏光控LED灯电路布局装配图

三、技能拓展

光控延时开关电路的制作。具体内容如下。

光控延时开关电路与之前的电路，即光控开关 LED 灯的工作原理很相似，但是电路中的逻辑状态却不一样。项目中用光敏电阻实现在有光照射时，开关接通，LED 被点亮；在光照射停止时，LED 延迟一段时间后熄灭。模拟手电筒来照射光敏电阻的效果。

1. 电路的整体布局

光控延时开关电路布局电路图如图 4-15 所示。

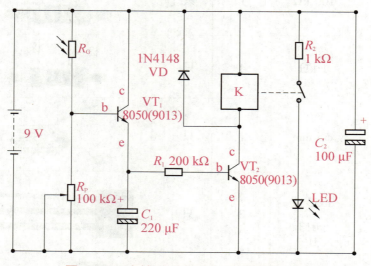

图 4-15 光控延时开关电路布局电路图

2. 元器件在电路中的作用

1）R_G 是光敏电阻，用于感知光线的强弱。

2）R_P 是可调电阻器，用来调节光感知的灵敏度。

3）VT_1、VT_2、R_1 和 C_1 构成延迟断开电路。

4）K 是小功率的直流继电器。

5）VD 是二极管，用来释放继电器线圈断电时产生的反向电流。

6）C_2 是蓄能和滤波电容。

3. 电路原理分析

1）当光敏电阻 R_G 没有受到光照时呈现出高电阻，此时三极管 VT_1 和 VT_2 是处于截止状态，继电器 K 也是处于释放（失电）状态，它的常开触点保持断开，常闭触点保持接通。

2）当有强光照射光敏电阻 R_G 时，R_G 呈现出低电阻，此时三极管 VT_1 导通并迅速给电容 C1 充电，很短的时间内就充满电，于是电流通过电阻 R_1 加到三极管 VT_2 基极，VT_2 导通，继电器 K 得电，它的常开触点吸合接通，常闭触点断开。

3）当强光离开时，无光照射到 R_G 光敏电阻，R_G 又恢复到高阻值状态，此时 VT_1 基极电压低，VT_1 截止。但由于刚刚的照射，C_1 已经被充满电，仍然保持两端电压接近电源电压状态，同时慢慢地通过 R_1 继续向 VT_2 发射极进行缓慢放电。在放电过程中，C_1 的电压不会马上低于 VT_2 的导通电压，所以此时 VT_2 会持续导通一段时间，直到 C_1 的电压不足以让 VT_2 导通，才会让继电器 K 失电，触点还原之前的状态。

4）这样就达到光照一下，然后延迟一段时间再关闭的开关效果。这个延迟时间，跟电源电压、C_1 的容量、R 的大小有关。电源电压越高、C_1 容量越大、R_1 阻值越大，这个延迟时间也就会越长。

任务 4-4　声控 LED 闪灯的制作

知识树

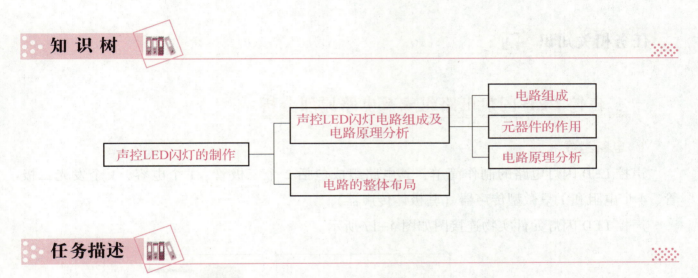

任务描述

如何让声音变换成开关？我们通常会想到生活中常见的一种东西，即声控延时灯。它多出现在居民楼的楼间或公共卫生间。当人走到有灯的地方时，轻咳一声，灯就会亮 1 min 左右。这是一个很好的设计，具有节能环保的特点。

本任务是设计一音乐闪灯电路。这是一款小制作，简单又有趣的电路。电路焊接完成后，装上电池，把它放在桌上，不论是我们说话还是放音乐，LED 都会随着声音的强弱而闪烁，好似声音的风铃。

任务成品展示

声控 LED 闪灯电路焊接成品图如图 4-16 所示。

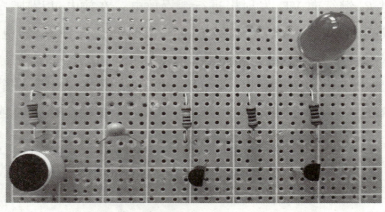

高灵敏光控
LED 灯电路

图 4-16　声控 LED 闪灯电路焊接成品图

任务相关知识

一、声控 LED 闪灯电路组成及电路原理分析

1. 电路组成

声控 LED 闪灯电路的制作简单,其电路组成包括 2 个三极管、1 个电容、1 个发光二极管、4 个电阻和 1 只微型传声器(驻极体传声器)。

声控 LED 闪灯元件实物连接图如图 4-17 所示。

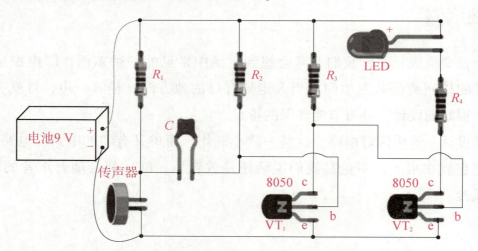

图 4-17　声控 LED 闪灯元件实物连接图

2. 元器件的作用

声控 LED 闪灯在电路原理上可分为 4 部分:电源、传声器处理、声音放大、LED 驱动。图 4-18 为声控 LED 闪灯电路原理图。

1) R_4 是 LED 的限流电阻,更改 R_4 的阻值能改变 LED 亮度。

2) R_2、R_3 分别是三极管 VT_1、VT_2 基极的限流电阻,三极管基极不能有太高的电流和电压,否则三极管会失灵。

3) 电容 C 的作用是滤掉电阻 R_1 施加在传声器上的直流电压,留下传声器产生的波动电压。

4) 电阻 R_1 的作用是把电池与传声器隔离开来,在电阻和传声器中间引出一条导线,用于后面的电路连接,因此就可以从传声器处理电路的输出端得到微弱电压变化的声音电信号。

5) 声音变成开关的原理是声控 LED 闪灯有一个关键的部件即传声器。这种传声器叫驻极体传声器,当传声器收到声音时,传声器两个引脚的电压和电流就会有变化,这些变化就是声音的电信号。

6) 传声器参与到电路当中的原理是声音的振动最终变成引脚上电压和电流的变化,需给传声器加上电流和电压,再把电压输出给后面的电路。

7) 给传声器加上电压,最简单的办法是把传声器的两个引脚直接接到电池正、负极上。不过这样一来传声器的电压就变成电池的电压,电源电压的输出能力太强大,导致传声器的波动很难测得出来。要想较容易地测出传声器的波动,就要让传声器上的电压和电流都变小,在电池和传声器之间串联电阻可以达到目的。有了电阻之后,电源的稳定电压被电阻隔开,电压变化在电阻与传声器之间的部分就能正常输出了。

8) 三极管 VT_1 和 VT_2 就是真正用于放大的器件。若想把传声器的微弱信号变成足以驱动 LED 的强大信号,就要加入放大电路。放大电路的功能就是把小信号转换成大信号,将小电压变成大电压。

3. 电路原理分析

1) 当无声音信号时,由于电阻 R_2、R_3 的阻值刚好能使 VT_1 临界导通,三极管 VT_1 的集电极为低电平,此时 VT_2 截止,LED 熄灭。

2) 当有声音从传声器传入,并且接收到声音时产生微弱的电压波动,经过电阻 R_1 为传声器施加工作电压;传声器波动经过 C(电容 C 在此起到声音信号传递耦合的作用)后滤掉了 R_1 施加的直流电压,余下传声器产生的波动电压。这个波动电压很小,当其进入三极管 VT_1 的基极后,经过放大达到了较大的电压和电流,波动幅度放大了很多,最后把放大后的波形送到 LED 驱动电路的输入端,此时三极管 VT_2 处在导通状态,发光二极管 LED 被点亮,LED 随着声音的高低而闪烁变化。

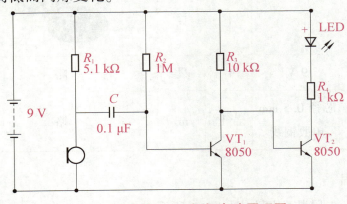

图 4-18 声控 LED 闪灯电路原理图

二、电路板的设计

1. 备齐元器件及设备

元器件及设备清单如表 4-8 所示。

表 4-8 元器件及设备清单

序号	名称	标号	规格	数量	单位	图例	参考价格/元
1	电阻	R_1	5.1 kΩ	1	只	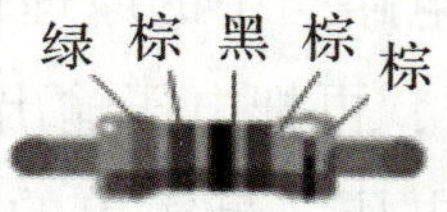 绿 棕 黑 棕 棕	0.15
2	电阻	R_2	1MΩ	1	只	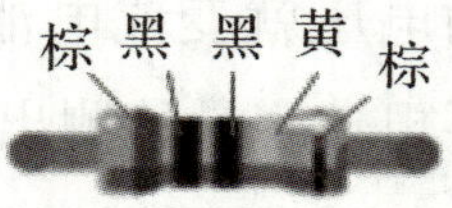 棕 黑 黑 黄 棕	0.15
3	电阻	R_3	10 kΩ	1	只	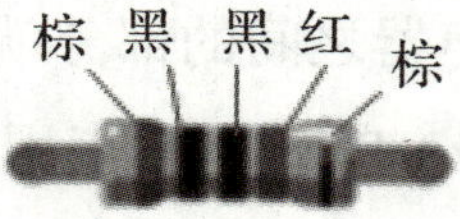 棕 黑 黑 红 棕	0.15
4	电阻	R_4	1 kΩ	1	只	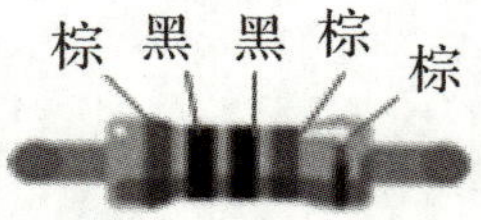 棕 黑 黑 棕 棕	0.15
5	发光二极管	LED	红 φ10 mm	1	只		1
6	三极管	VT_1 VT_2	8050 或 9013	2	只	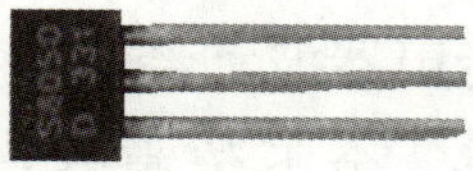	0.3
7	电容	C	104(0.1 μF)	1	只	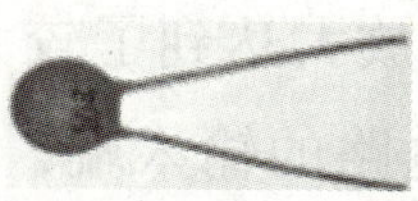	0.2
8	驻极传声器	MIC		1	只		2
9	电池		9 V	1	只	略	10
10	导线		芯径 0.5 mm 单股铜线	若干	m	略	0.5

2. 电路的整体布局

声控 LED 闪灯电路布局装配图如图 4-19 所示。

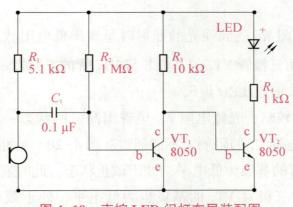

图 4-19 声控 LED 闪灯布局装配图

三、技能拓展

声光双控延时 LED 灯电路的制作。其内容如下。

随着电子技术的发展，用模拟电路设计灯的自动开关，既能节能省电，又能延长灯的实际使用时间。灯泡在白天不会被点亮，而在夜晚，当没有人经过时也不会被点亮，只有在晚上人一旦发出声音振动时，灯才会自动点亮；当声音停止后延时一小段时间，灯又会自动熄灭。这种声光双控延时灯电路广泛应用于住宅区的楼道、工厂、办公室、教学楼等公共场所。

1. 电路的整体布局

声光双控延时 LED 灯电路布局电路图如图 4-20 所示。

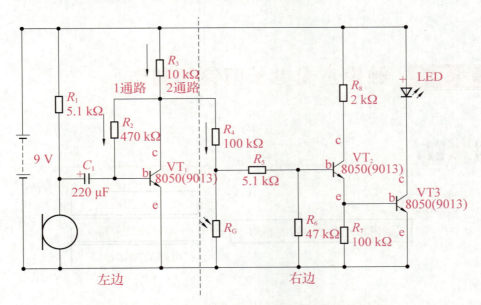

图 4-20 声光双控延时 LED 灯电路布局电路图

2. 电路的组成

1）左边部分由传声器、三极管 VT_1、电容 C_1 和电阻 R_1、R_2、R_3 组成声传声器放大器及延时电路。

2）右边部分由光敏电阻 R_G、三极管 VT_2、VT_3 和电阻 R_4、R_5、R_6、R_7、R_8 组成光控电路。

3. 电路原理分析

1) 在白天,当光敏电阻 R_G 受到强光的照射时呈现出低电阻状态,三极管 VT_2 的基极为低电平,处于截止状态,而三极管 VT_3 的基极 b 与 VT_2 管的发射极 e 相连接,所以使 VT_3 管也处于截止状态,此时发光二极管 LED 熄灭。

2) 在夜晚,由于光线较暗,光敏电阻 R_G 呈现出高电阻状态,此时,如果没有声音进入传声器时,直流电源受到电容 C_1 的阻隔,不能通过。图 4-20 1 通路中因为三极管 VT_1 的基极偏置电阻取值较大,VT_1 管的基极为低电平,处于截止状态,此时发光二极管 LED 熄灭;2 通路中因电阻 R_3 取值较大,三极管 VT_2 的基极也为低电平,处于截止状态,此时发光二极管 LED 熄灭;

3) 在夜晚,由于光线较暗,光敏电阻 R_G 呈现出高电阻状态,此时,如果有拍手或说话的声音,则传声器就会接收到声音并将声音转换成电信号,信号通过电容 C_1 进入三极管 VT_1 的基极进行放大,放大后的信号经过电阻 R_4、R_5 送到三极管 VT_2 的基极,此时 VT_2 导通,同时 VT_3 也导通,此时发光二极管 LED 自动点亮。

4) 当拍手的声音消失后,因为电容 C_1 上还存储较多电荷,电荷加在三极管 VT_1 的基极,使 VT_1 导通,电荷继续通过电阻 R_4、R_5 加在三极管 VT_2 的基极、使 VT_2 和 VT_3 也导通,此时,发光二极管 LED 灯持续点亮;随着电容 C_1 存储的电荷越来越少,此时三极管 VT_1 的基极电位逐渐降低,当电容 C_1 存储的电荷不足以维持 VT_1 继续导通时,此时 VT_1 截止,VT_2、VT_3 也随着截止,LED 灯熄灭。

任务 4-5 触摸声光电子门铃的制作

知识树

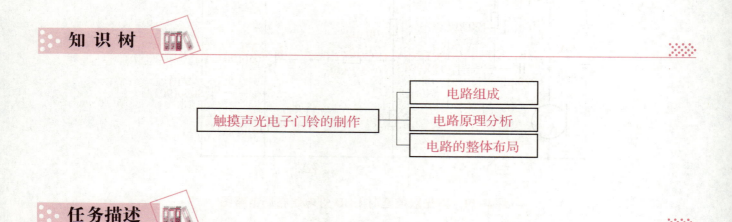

任务描述

目前,电子门铃作为小家电中的一员,在电子市场上十分畅销。常见的电子门铃的售价多则数百元,少则几十元。因此,自己动手设计和制作一种价廉物美和实用性强的电子门铃,既有现实意义,又富有乐趣。

项目四 三极管放大电路的应用 91

如今，触摸功能无处不在，智能手机是触摸的，电磁炉也是触摸的。本任务是制作一款带有触摸功能的产品电路——触摸声光电子门铃，当门外的触摸片被手触摸时，指示灯闪亮，且该声光门铃在门内的部分响亮并发出有节奏的"嘟嘟嘟……"声，予以提示开门。

任务成品展示

触摸声光电子门铃电路焊接成品图如图4-21所示。

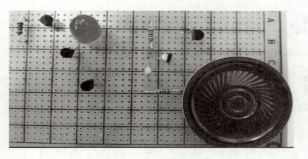

图4-21 触摸声光电子门铃电路焊接成品图

触摸声光电子门铃电路

任务相关知识

一、触摸声光电子门铃电路组成及原理分析

1. 电路组成

触摸声光电子门铃电路组成包括5个三极管、4个电阻、1个电容、1个发光二极管、1个扬声器和1个触摸片。其元器件实物连接图如图4-22所示。

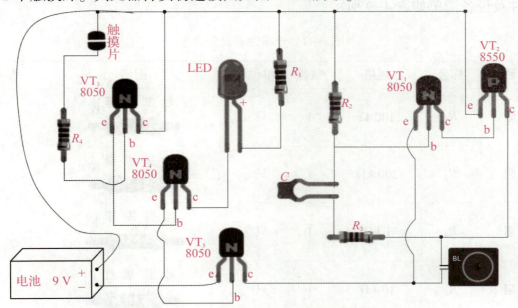

图4-22 触摸声光电子门铃元器件实物连接图

2. 电路原理分析

图4-23为触摸声光电子门铃电路原理图。

1）当手触摸到触摸片时，电源正极经过手指以及电阻 R_4 加到三极管 VT_3 基极，VT_3 导通，由于 VT_3 的发射极 e 直接与 VT_4 的基极 b 相连，VT_4 也导通，LED 被点亮。

2）VT_4 的导通导致 VT_5 导通，由三极管 VT_1 和 VT_2 组成的互补型自激多谐音频振荡器，此时由电容 C_1 和电阻 R_3 组成一个正反馈网络，使 VT_1 和 VT_2 构成的互补型自激多谐音频振荡器起振。又由于振荡电路的负极受控于 VT_5 的导通，VT_5 能否导通在于有无手的触摸，从而推动扬声器 BL 发出声音。

综上所述，在触摸时，LED 被点亮，同时扬声器 BL 发声。

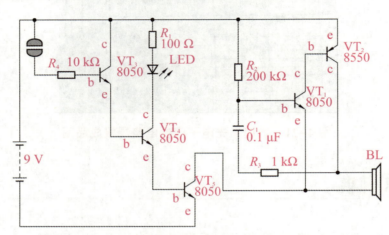

图4-23　触摸声光电子门铃电路图

二、电路板的设计

1. 备齐元器件及设备

元器件及设备清单如表4-9所示。

表4-9　元器件及设备清单

序号	名称	标号	规格	数量	单位	图例	参考价格/元
1	电阻	R_1	100 Ω	1	只	棕黑黑黑棕	0.15
2	电阻	R_2	200 kΩ	1	只	红黑黑橙棕	0.15
3	电阻	R_3	1 kΩ	1	只	棕黑黑棕棕	0.15
4	电阻	R_4	10 kΩ	1	只	棕黑黑红棕	0.15

续表

序号	名称	标号	规格	数量	单位	图例	参考价格/元
5	发光二极管	LED	红 φ10 mm	1	只		1
6	三极管	VT_2	8550 或 9012	1	只		0.3
7	三极管	VT_1、VT_3、VT_4、VT_5	8050 或 9013	4	只		0.3
8	电容	C	104（0.1 μF）	1	只		0.2
9	扬声器	BL	0.5 W 8 Ω	1	只		4
10	电池		9 V	1	只	略	10
11	导线		芯径 0.5 mm 单股铜线	若干	m	略	0.5

2. 电路的整体布局

触摸声光电子门铃电路布局装配图如图 4-24 所示。

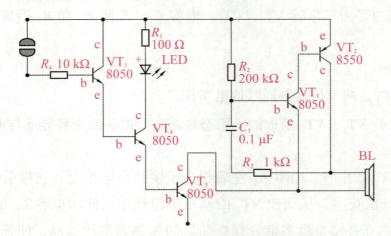

图 4-24　触摸声光电子门铃电路布局装配图

三、技能拓展

双音调声光电子门铃的制作。其内容如下。

制作一款扬声器，能发出高低两种音调，且 LED 灯交替发光的双音调声光电子门铃。

1. 电路的整体布局

双音调声光电子门铃电路布局电路图如图 4-25 所示。

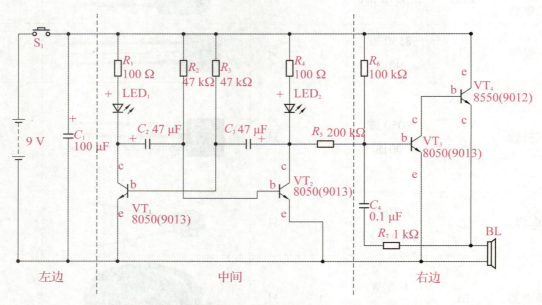

图 4-25　双音调声光电子门铃电路布局电路图

2. 电路的组成分析

电路分为 3 部分。

1）第一部分左边由电源 9 V、按键 S_1 和电容 C_1 组成。C_1 并联在电源的两端，是一个退耦电容，作用是防止电路通过电池回路产生反馈，从而提高电路的稳定性。

2）第二部分中间是由三极管 VT_1、VT_2、电容 C_2、C_3、电阻 R_1、R_2、R_3、R_4 和 R_5 组成的无稳态自激多谐振荡器。

3）第三部分右边是由三极管 VT_3、VT_4、电容 C_4、电阻 R_6 和 R_7 组成的互补型自激多谐音频振荡器。

3. 电路原理分析

当按下按键 S_1 时，两个振荡器同时通电工作。

1）其中由三极管 VT_1、VT_2 组成的无稳态自激多谐振荡器交替导通与截止，此时 LED_1 与 LED_2 交替发光闪亮。

2）当三极管 VT_2 截止时，电阻 R_5 左端相当于接到高电平上，三极管 VT_3 的基极电压由电阻 R_5 与 R_6 并联分压获得，从而使 VT_3 的基极电阻较小，此时电容 C_4 的时间常数比较小，由 VT_3 和 VT_4 构成的互补型自激多谐音频振荡器的振荡频率比较高，使扬声器发出的音调也随之升高。

3）当三极管 VT_2 导通时，VT_3 基极上的偏置电阻只有 R_6，从而使 VT_3 的基极电阻变大，此时由 VT_3 和 VT_4 构成的互补型自激多谐音频振荡器的振荡频率比较低，使扬声器发出的音调也随之降低。

4)当 VT₂ 交替导通和截止时,扬声器便发出音调高低交替的叮咚声。

任务 4-6　触摸开关 LED 灯的制作

知识树

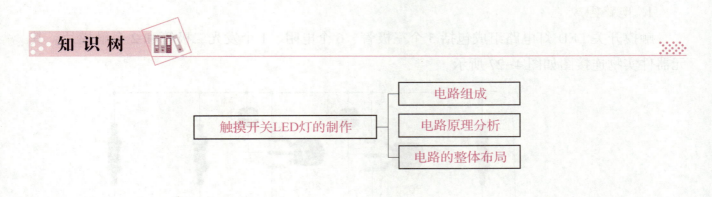

任务描述

触摸开关 LED,是科技发展进步的一种新兴产品。它一般是指应用触摸感应芯片设计而成的一种墙壁开关,是传统机械按键式墙壁开关的换代产品,能实现更智能化、操作更方便的功能,具有传统开关不可比拟的优势,是家居产品非常流行的一种装饰性开关。

本任务制作的是一种比较简单易学,只需要若干三极管和电阻等元器件,就能实现的一款电路。

任务成品展示

触摸开关 LED 灯电路焊接成品图如图 4-26 所示。

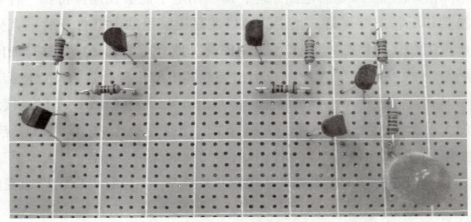

触摸开关
LED 灯电路

图 4-26　触摸开关 LED 灯电路焊接成品图

一、触摸开关 LED 灯电路组成及原理分析

1. 电路组成

触摸开关 LED 灯电路组成包括 5 个三极管、6 个电阻、1 个发光二极管和 2 个触摸片。其元器件实物连接图如图 4-27 所示。

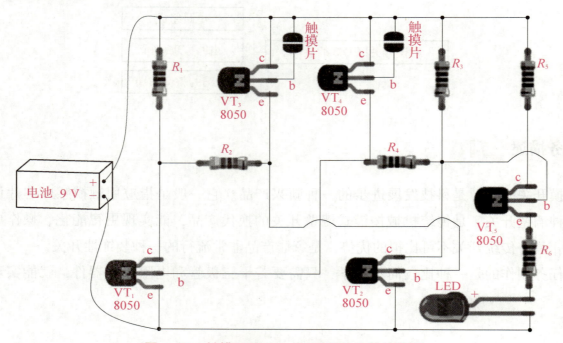

图 4-27 触摸开关 LED 灯元器件实物连接图

2. 电路原理分析

触摸开关 LED 灯电路原理图如图 4-28 所示。

1)该电路采用双键触发双稳态电路原理,即输出电平能够长期保持在一种状态,当输入端触发时可切换到相反状态并保持。直观的效果就好比家里的电灯打开后一直亮,关闭后一直熄灭,不会出现闪烁(无稳态),或按下开关时亮、放开后熄灭(单稳态)的问题。

2)用手触摸"开"(三极管 VT_4 基极引出导线和电源正极相连),人体感应的杂波信号经过 VT_4 放大,从而使三极管 VT_1 导通,集电极接近 0 V,三极管 VT_2 基极也接近 0 V,处于截止状态,此时 VT_2 集电极变为高电平,三极管 VT_5 导通,发光二极管 LED 被点亮。

3)用手触摸"关"(三极管 VT_3 基极引出导线和电源正极相连),人体感应的杂波信号经过 VT_3 放大,从而使三极管 VT_2 导通,集电极接近 0 V,三极管 VT_5 由导通变为截止,LED 熄灭。

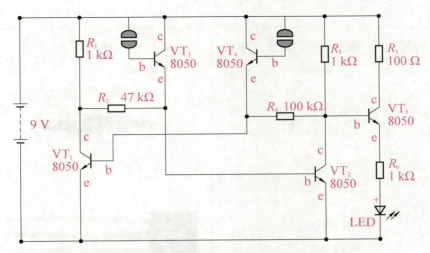

图 4-28　触摸开关 LED 灯电路原理图

二、电路板的设计

1. 备齐元器件及设备

元器件及设备清单如表 4-10 所示。

表 4-10　元器件及设备清单

序号	名称	标号	规格	数量	单位	图例	参考价格/元
1	电阻	R_1 R_3	1 kΩ	2	只	棕 黑 黑 棕 棕	0.15
2	电阻	R_2	47 kΩ	1	只	黄 紫 黑 红 棕	0.15
3	电阻	R_4	100 kΩ	1	只	棕 黑 黑 橙 棕	0.15
4	电阻	R_5	100 Ω	1	只	棕 黑 黑 黑 棕	0.15

续表

序号	名称	标号	规格	数量	单位	图例	参考价格/元
5	电阻	R_6	1 kΩ	1	只	棕 黑 黑 棕 棕	0.15
6	三极管	VT_1、VT_2、VT_3、VT_4、VT_5	8050 或 9013	5	只		0.3
7	发光二极管	LED	蓝 φ10 mm	1	只		1
8	电池		9 V	1	只	略	10
9	导线		芯径 0.5 mm 单股铜线	若干	m	略	0.5

2. 电路的整体布局

触摸开关 LED 灯电路布局装配图如图 4-29 所示。

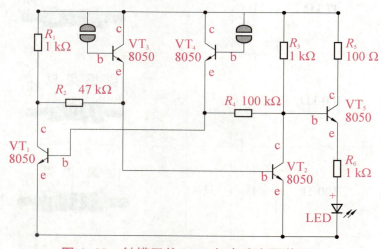

图 4-29　触摸开关 LED 灯电路布局装配图

项目四 三极管放大电路的应用

*任务 4-7　水满声光报警器的制作

知识树

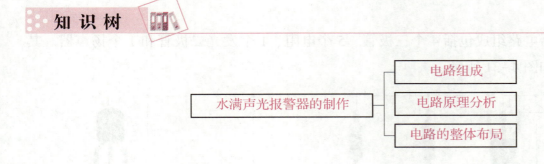

任务描述

水位报警器在工业控制及民用家电等领域得到广泛应用，如蓄水池系统、小区气压恒压供水系统、太阳能热水器系统等。在屋顶建一个蓄水池，将水抽到水池中，待水池中的水用完后要重新打水。蓄水需要花费大约一小时或更长时间，同时会出现蓄满水却不知道，蓄水池中的水会漫出造成水资源浪费等问题。因此，水位报警器在农村家庭中有更好的用途。

本任务做的水满声光报警器装置，就是模拟水塔上水。只要将本装置安装在水池中适当的位置，并设定好水位控制点，当往水池注水，水位上升到控制点时，电路中的红色二极管就会发光，扬声器也会发出报警声。

任务成品展示

水满声光报警器电路焊接成品图如图 4-30 所示。

水满声光报警电路

图 4-30　水满声光报警器电路焊接成品图

任务相关知识

一、水满声光报警器电路组成及原理分析

1. 电路组成

水满声光报警器电路组成包括 4 个三极管、5 个电阻、1 个发光二极管和 1 个扬声器。其元器件实物连接图如图 4-31 所示。

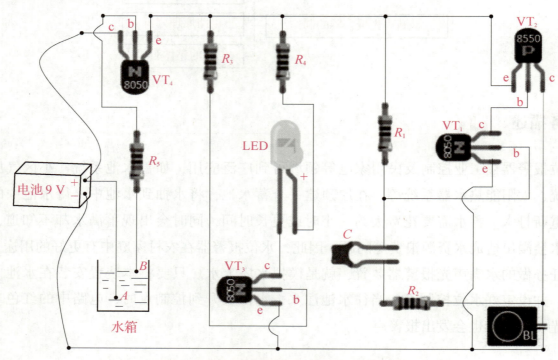

图 4-31 水满声光报警器电路元器件实物连接图

2. 电路原理分析

水满声光报警器电路原理图如图 4-32 所示。

1）当水箱的水处于探头 B 点以下时，三极管 VT_4 由于基极无电压而截止，后续电路无法供电，此时 LED 熄灭，扬声器不工作。

2）当水箱的水上升到达 B 点时，使探头 A、B 间导通，电源电压通过电阻 R_5 加至三极管 VT_4 基极，当三极管 VT_4 基极的电压升高到 0.7 V 时，三极管 VT_4 达到导通条件；此时三极管 VT_3 基极通过电阻 R_3 获得电压，VT_3 导通，LED 点亮，同时由电容 C 和电阻 R_2 组成一个正反馈网络，使三极管 VT_1、VT_2 构成的互补型自激多谐音频振荡器起振，从而推动扬声器 BL 发出声音。

项目四 三极管放大电路的应用

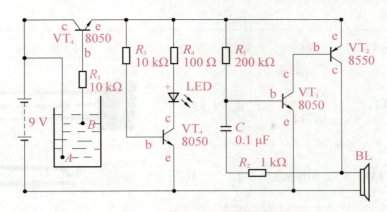

图 4-32 水满声光报警器电路原理图

二、电路板的设计

1. 备齐元器件及设备

元器件及设备清单如表 4-11 所示。

表 4-11 元器件及设备清单

序号	名称	标号	规格	数量	单位	图例	参考价格/元
1	电阻	R_1	200 kΩ	1	只	红 黑 黑 橙 棕	0.15
2	电阻	R_2	1 kΩ	1	只	棕 黑 黑 棕 棕	0.15
3	电阻	R_3、R_5	10 kΩ	2	只	棕 黑 黑 红 棕	0.15
4	电阻	R_4	100 Ω	1	只	棕 黑 黑 黑 棕	0.15
6	电容	C	104（0.1μF）	1	只		0.2
7	三极管	VT_1、VT_3、VT_4	8050 或 9013	3	只		0.3

续表

序号	名称	标号	规格	数量	单位	图例	参考价格/元
8	三极管	VT$_2$	8550 或（9012）	1	只		0.3
9	发光二极管	LED	红 ϕ10 mm	1	只		1
10	扬声器	BL	0.5W 8 Ω	1	只		4
11	电池		9 V	1	只	略	10
11	导线		芯径 0.5 mm 单股铜线	若干	m	略	0.5

2. 电路的整体布局

水满声光报警电路布局装配图如图 4-33 所示。

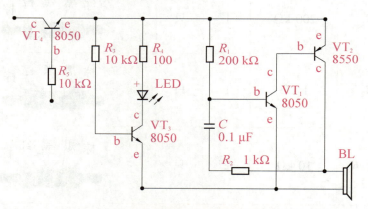

图 4-33　水满声光报警电路布局装配图

三、技能拓展

简单变音水位报警器的制作。其内容如下。

水位报警器，可用于当水箱的水满时，发出报警声响。当水箱的水漫过探头 B 点时，报警器发出提醒的声响（此时声音频率较低），提醒人们可以关闭注水阀门。如果此时没有理会，继续注水，当水漫过探头 C 点时，报警器会发出比较尖锐的声音（声音频率提高）；如此，当水再漫过最高点 D 时，报警器将会发出更尖锐的报警声。

1. 电路的整体布局

简单变音水位报警电路布局电路图如图 4-34 所示。

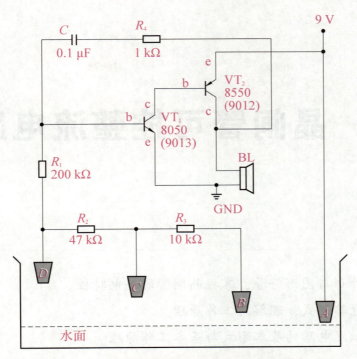

图 4-34 简单变音水位报警电路布局电路图

2. 电路原理分析

1）当水箱的水漫过探头 B 时，使探头 A、B 间导通，这样电源电压通过电阻 R_3、R_2、R_1 加到三极管 VT_1 的基极，使 VT_1 的基极电阻比较大；由于三极管 VT_1 的基极接有电容 C，所以三极管基极的电压是慢慢升高的。当三极管 VT_1 基极的电压升高到 0.7 V 时，三极管 VT_1 开始导通进入放大区。

2）三极管 VT_1 导通后，三极管 VT_2 的发射极到基极就会有电流流过，从而使三极管 VT_2 也开始导通，此时三极管 VT_2 同样工作于放大区。三极管 VT_2 导通后，扬声器有电流流过并发出频率较低的报警声。

3）当水箱的水漫过探头 C 时，使探头 B、C 间导通，这样电源电压通过电阻 R_2、R_1 加到三极管 VT_1 的基极，使 VT_1 的基极电阻比较小，此时电容 C 的时间常数比较小，由 VT_1 和 VT_2 构成的互补型自激多谐音频振荡器的振荡频率提升，从而使扬声器发出比较尖锐的声音。

4）当水箱的水漫过探头 D 时，使探头 C、D 间导通，这样电源电压通过电阻 R_1 加到三极管 VT_1 的基极，使 VT_1 的基极电阻更小，此时电容 C 的时间常数更小，由 VT_1 和 VT_2 构成的互补型自激多谐音频振荡器的振荡频率进一步提升，从而使扬声器发出更尖锐的声音。自此，扬声器发出由低到高 3 种音调不同的声音。

项目五

晶闸管可控整流电路的制作

知识目标

◆ 掌握晶闸管的外形与图形符号，掌握晶闸管的导电特性。
◆ 理解可控整流电路形式，理解其工作原理。
◆ 理解可控整流触发电路的基本形式与基本工作原理。

技能目标

◆ 能够识别典型的单向晶闸管的引脚。
◆ 学会用万用表检测晶闸管的引脚和判断其质量的优劣。
◆ 能够识别常见的单结晶体管的引脚。
◆ 具有应用晶闸管和单结晶体管进行电子电路小制作的能力。
◆ 能够根据实物电路板分析可控整流电路的工作原理和画出可控整流电路图。

任务 晶闸管可控整流电路的制作

知识树

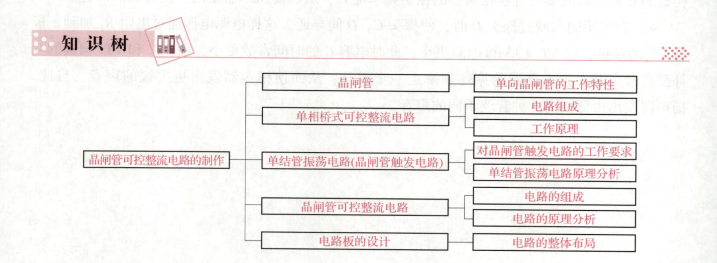

任务描述

晶闸管又称为可控硅,它的工作过程可以控制,能以小功率信号去控制大功率系统,可作为强电与弱电的接口,属于用途十分广泛的功率电子器件。在电子设备中,晶闸管大致应用在以下 4 个方面。

1) 可控整流:把交流电转变成可调节的直流电。
2) 交流调压:调节或改变交流电压的大小。
3) 交、直流开关:作为交流回路或直流回路的电子开关。
4) 逆变:把直流电转变成交流电,或把交流电转变成另一种频率的交流电。

晶闸管的种类很多,主要有单向晶闸管、双向晶闸管、可关断晶闸管、光控晶闸管和快速晶闸管等。

本任务重点介绍单向晶闸管的特性及其应用电路,并且制作晶闸管可控整流电路。其作用是把交流电转换为电压值可以调节的直流电,来控制和改变电路中灯泡的暗/亮变化。

任务成品展示

晶闸管可控整流电路焊接成品图如图 5-1 所示。

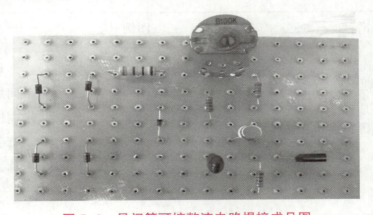

晶闸管可控整流电路

图 5-1 晶闸管可控整流电路焊接成品图

任务相关知识

一、晶闸管

单向晶闸管的工作特性

晶闸管又称为可控硅整流器,具有硅整流器件的特性,能在高电压、大电流条件下工作,且其工作过程可以控制，被广泛应用于可控整流、交流调压、无触点电子开关、逆变及变频等电子电路中。

可控硅整流器在电路中能够实现交流电的无触点控制，以小电流控制大电流，并且不像继电器控制那样有火花产生，其具有动作快、寿命长、可靠性强等特点，在调速、调光、调压、调温等场合都有它的身影。

为了便于理解，下面用1个小实验来反映单向晶闸管的工作特性。图5-2为晶闸管元器件实物连接图，在电路中，晶闸管的a、k极、小灯泡HL和电源U_A构成回路称为主回路；晶闸管的g、k极、开关S和电源U_G构成的回路称为触发电路或控制电路。其工作特性如表5-1所示。

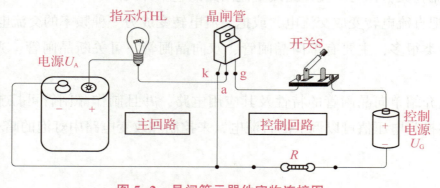

图5-2 晶闸管元器件实物连接图

表5-1 晶闸管的工作特性

序号	工作特性	图例	判断晶闸管的状态
1	如右图所示，晶闸管a、k极加正向电压，即晶闸管阳极a接电源正极，阴极k接电源负极。开关S断开，小灯泡不亮		说明晶闸管a、k极之间加了正向电压，但当控制极g未加正向电压时，管子不会导通，这种状态称为晶闸管正向阻断
2	如右图所示，晶闸管a、k之间加正向电压，在控制极g上加正向触发电压，阴极k接电源负极，且开关S闭合，此时小灯泡亮		表明晶闸管导通。这种状态称为晶闸管的触发导通

续表

序号	工作特性	图例	判断晶闸管的状态
3	如右图所示，晶闸管 a、k 之间加反向电压，即晶闸管阳极 a 接电源负极，阴极 k 接电源正极，此时不论开关 S 闭合与否，灯泡始终不亮		说明当单向晶闸管 a、k 极之间加反向电压时，不管控制极 g 加怎样的电压，它都不会导通，而处于截止状态。这种状态称为晶闸管的反向阻断

综上实验可以得到以下结论。

晶闸管导通必须具备两个条件：一是晶闸管阳极 a 与阴极 k 之间接正向电压；二是控制极 g 与阴极 k 之间也接正向电压。晶闸管一旦导通，去掉控制极 g 上的电压后，晶闸管仍然保持导通状态。

关断晶闸管的方法：一是将阳极 a 与阴极 k 之间的电压降低到足够小或加瞬间反向阳极电压；二是将阳极 a 瞬间开路。

二、单相桥式可控整流电路

1. 电路组成

图 5-3 为单相半控桥式整流电路原理图，它主要由整流主电路和触发电路两大部分组成，整流主电路与普通二极管电路很相似，只是将其中的两个二极管换成晶闸管 VTH_1、VTH_2。

2. 工作原理

1）当 u_2 为正半周时，晶闸管 VTH_1 和二极管 VD_1 承受正向电压，晶闸管的控制极未加触发电压，晶闸管 VTH_1 不能导通，灯泡 L_1 不亮。在正半周内只要触发电压 U_g 到来，晶闸管 VTH_1 就导通，电流流过 VTH_1、L_1、VD_1 形成回路，在负载（灯泡）上得到极性为上正下负的电压，灯泡 L_1 被点亮。

2）当 u_2 为负半周时，晶闸管 VTH_2 和二极管 VD_2 承受正向电压，在负半周内只要触发电压 U_g 到来，晶闸管 VTH_2 就导通，电流流过 VTH_1、L_1、VD_2 形成回路，在负载（灯泡）得到的也是极性为上正下负的电压，灯泡 L_1 点亮。

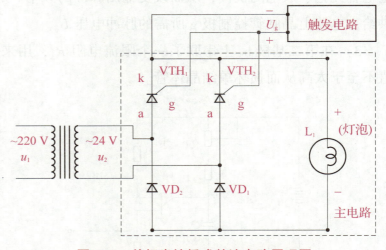

图 5-3 单相半控桥式整流电路原理图

三、单结管振荡电路（晶闸管触发电路）

1. 对晶闸管触发电路的工作要求

为了确保触发信号能有效控制晶闸管的导通，触发电路应满足以下工作要求。

1）晶闸管被触发导通后，触发信号随后就不起作用，因此常用瞬间突变、作用时间很短的脉冲电压作为触发信号。

2）为保证晶闸管能可靠导通，触发信号应有一定的幅度（4～10 V）和一定的持续时间（≥ 20 μs）。

3）触发信号应与主电路的输入电压同频率，这样才能保证每个半周的控制角 α 大小一致，使输出电压的平均值稳定。

触发电路的种类有很多，本节只介绍较为简单的单结晶体管触发电路。

2. 单结管振荡电路原理分析

图 5-4（a）是由单结晶体管 VTH_2 及一些阻容构成的频率可变的振荡电路。该电路用来产生晶闸管触发脉冲，其工作原理如下。

1）电路接通电源 V_{BB} 后，电源通过 R_P、R_2，向电容 C 充电，电容电压 u_c 按指数规律上升，当 u_c 上升到使 $u_e \geq u_P$（峰点电压）时，单结晶体管导通，电容电压 u_c 迅速通过 R_4 放电，在 R_4 上形成脉冲电压 u_{R_4}。随着电容 C 的放电，电容上的电压 u_c 下降，从而引起 u_e 下降。当 $u_e < u_V$（谷点电压）时，单结晶体管截止，放电结束。

2）图 5-4（b）为单结管振荡波形图，此后电容又进行充电、放电。重复上述过程，于是在电容 C 上形成锯齿波电压，在 R_4 上形成尖脉冲 u_{R_4}，改变电位器 R_P 阻值的大小，可以调整电容充电、放电的快慢，从而改变输出脉冲的频率。那么在 R_4 上形成的脉冲电压 u_{R_4} 就是提供给主电路上晶闸管控制极 g 所需的脉冲电压 U_g。

3）在第二基极 b_2 上串联了一个限流电阻 R_3，用来限制单结晶体管的峰值功率，使其峰值不至于太高从而损坏单结晶体管。

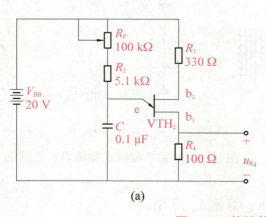
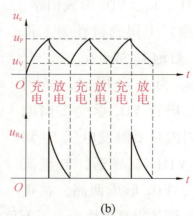

图 5-4 单结管振荡电路

（a）单结管振荡电路图；（b）单结管振荡波形图

四、晶闸管可控整流电路

1. 电路的组成

单相半控桥式整流电路，它主要由整流主电路和触发电路两大部分组成。主电路由负载 R_L（灯炮）和晶闸管 T_1 组成，触发电路为单结晶体管 T_2 及一些阻容元件构成的阻容移相桥触发电路。改变晶闸管 T_1 的导通角，便可调节主电路的可控输出整流电压（或电流）的数值，从而改变灯泡的亮度。元器件实物图连线见图 5-5 所示，电路原理图见图 5-6 所示。

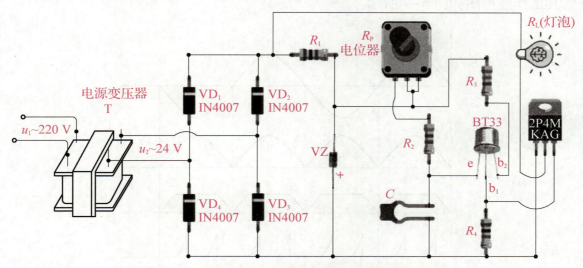

图 5-5　晶闸管可控整流电路元器件实物连接图

2. 电路的原理分析

晶闸管可控整流电路原理图如图 5-6 所示。

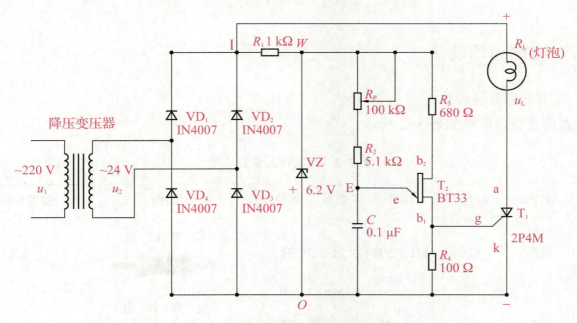

图 5-6　晶闸管可控整流电路原理图

1）触发电路中的变压器原边与主电路共用同一交流电源,变压器的副边电压经桥式整流后(无电容滤波环节),得到整流输出电压 u_I（I-O）。

2）整流输出电压 u_I 加于稳压二极管稳压电路上,稳压二极管两端的电压 u_w（W-O）则是一个梯形周期波形,可近似看成是对全波整流波形进行了削波。这个梯形波电压就作为后面单结晶体管触发电路的工作电压。

3）电阻 R_4 上的输出电压 u_{b1}（b_1-O）作为主电路中晶闸管的触发脉冲电压 U_g。此时,如果负载接入电灯泡,调节电位器 R_P,可使电灯由暗到亮或由亮到暗,所以该电路也可称为调光电路。其工作波形图如图 5-7 所示。

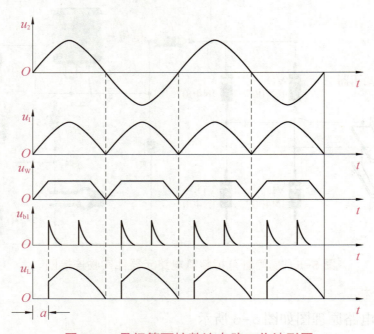

图 5-7　晶闸管可控整流电路工作波形图

五、电路板的设计

1. 备齐元器件及设备

元器件及设备清单如表 5-2 所示。

表 5-2　元器件及设备清单

序号	名称	标号	规格	数量	单位	图例	参考价格/元
1	电阻	R_1	1 kΩ（2 W）	1	只	棕黑红金	0.15
2	电阻	R_2	5.1 kΩ	1	只	绿棕红金	0.15

续表

序号	名称	标号	规格	数量	单位	图例	参考价格/元
3	电阻	R_3	680 Ω	1	只	蓝 灰 棕 金	0.15
4	电阻	R_4	100 Ω	1	只	棕 黑 棕 金	0.15
5	开关电位器	R_P	100 kΩ 或 500 kΩ	1	只		3
6	整流二极管	$VD_1 \sim VD_4$	IN4007	4	只		0.15
7	稳压二极管	VZ	6.2 V~6.5 V	1	只		0.4
8	磁介电容	C	100 nF (0.1μF)	1	只		0.2
9	晶闸管	T_1	2P4M	1	只		2
10	单结晶体管	T_2	BT33	1	只		3
11	变压器	T	220 V/24 V 或 36 V	1	只	略	15
12	导线		芯径 0.5 mm 单股铜线	若干	m	略	0.5

2. 电路的整体布局

晶闸管可控整流电路电路布局装配图如图 5-8 所示。

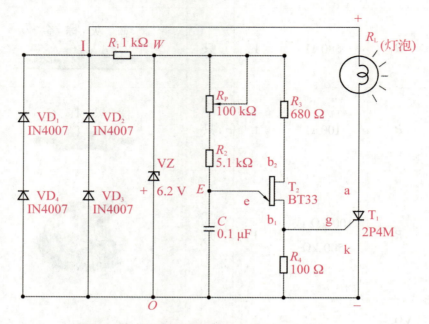

图 5-8　晶闸管可控整流电路布局装配图

项目六

三人表决器电路的制作

知识目标

◆掌握与门、或门、与非门、或非门的含义，熟识其图形符号。
◆掌握每个芯片的结构及芯片的功能。
◆理解数字电路的要求，初步掌握组合逻辑电路的设计。

技能目标

◆能够判断各芯片的引脚位置。
◆能够根据给定的实际逻辑要求，设计逻辑电路图，能正确安装所选定的电路。
◆能初步具有使用示波器来观察脉冲波形并识读主要参数的能力。
◆会根据电路原理图画出实物装配图。
◆会根据测试结果分析电路故障产生的原因。

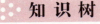 三人表决器电路的制作

知识树

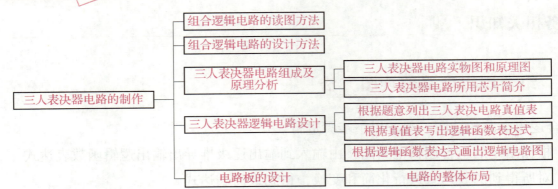

任务描述

在"数字电路"的学习中,组合逻辑电路的设计是一个重要的知识点,它是以组合逻辑电路分析为依托,为后续的时序逻辑电路分析和设计打下坚实的基础。组合逻辑电路的读图是学好数字电路的重要环节,只有看懂理解电路图,才能明确电路的基本功能,才能对电路进行应用、测试和维修。

组合逻辑电路是由与门、或门、与非门、或非门等几种逻辑门电路组合而成的,组合逻辑电路不具有记忆功能,它的某一时刻的输出直接由该时刻电路的输入状态所决定,与输入信号作用前的电路状态无关。

本任务以三人表决器为例介绍了一种设计方法,以便学生能熟悉常见组合逻辑电路的特点及应用。

任务成品展示

三人表决器电路焊接成品图如图 6-1 所示。

三人表决器电路

图 6-1 三人表决器电路焊接成品图

任务相关知识

一、组合逻辑电路的读图方法

组合逻辑电路的读图一般按以下步骤进行。

1) 根据给定的组合逻辑电路图,由输入到输出逐级推导出输出逻辑函数表达式。
2) 对所得到的表达式进行化简和变换,得到最简表达式。

3）由简化的逻辑函数表达式列出真值表，根据真值表分析，确定电路所完成的逻辑功能。组合逻辑电路读图分析的过程如图 6-2 所示。

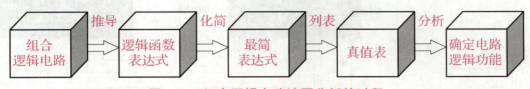

图 6-2　组合逻辑电路读图分析的过程

二、组合逻辑电路的设计方法

组合逻辑电路的设计就是根据给定的功能要求，画出实现该功能的逻辑电路。组合逻辑电路的设计一般按以下步骤进行。

1）根据实际问题的逻辑关系建立真值表。
2）根据真值表写出逻辑函数表达式。
3）化简逻辑函数表达式。
4）根据逻辑函数表达式画出由门电路组成的逻辑电路图，并选用元器件。常见的组合逻辑电路设计步骤如图 6-3 所示。

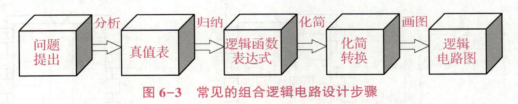

图 6-3　常见的组合逻辑电路设计步骤

逻辑化简是组合逻辑设计的关键步骤之一。为了使电路结构简单以及使用较少的元器件，往往要求逻辑函数表达式尽可能简单。由于在实际使用时要考虑电路的工作速度和稳定可靠等因素，在较复杂的电路中，还要求逻辑清晰易懂，所以最简设计不一定是最佳设计。但一般来说，在保证工作速度稳定可靠与逻辑清晰的前提下，尽量使用最少的元器件，以降低成本。

三、三人表决器电路的组成及原理分析

1. 三人表决器电路实物图和原理图

本任务制作的三人表决器电路，主要由 74LS00 芯片和 74LS20 芯片及电阻、按键等辅助元器件组成。其元器件实物连接如图 6-4 所示，电路原理图如图 6-5 所示。

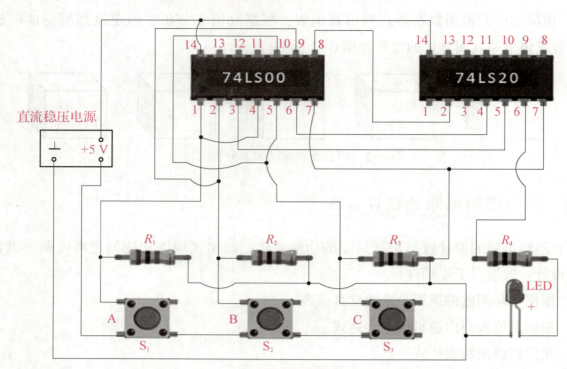

图 6-4 三人表决器电路元器件实物连接图

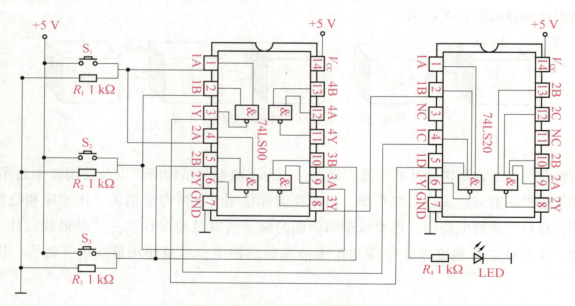

图 6-5 三人表决器电路原理图

2. 三人表决器电路所用芯片简介

1）74LS00 芯片是常用的具有四组 2 输入端的与非门集成电路，逻辑功能为"有 0 出 1，全 1 出 0"，其芯片引脚排列、芯片实物分别如图 6-6（a）、图 6-6（b）所示；其逻辑符号如图 6-6（c）所示。

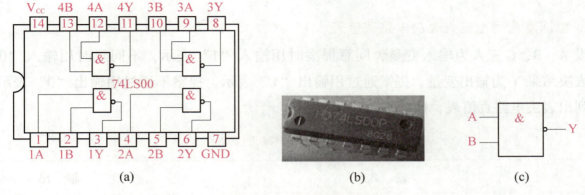

图 6-6　74LS00 芯片介绍

(a) 74LS00 芯片引脚排列；(b) 74LS00 芯片实物；(c) 74LS00 逻辑符号

2) 74LS20 芯片是常用的二组 4 输入端的与非门集成电路，逻辑功能为"有 0 出 1，全 1 出 0"，其芯片引脚排列、芯片实物分别如图 6-7（a）、图 6-7（b）所示；其逻辑符号如图 6-7（c）所示。

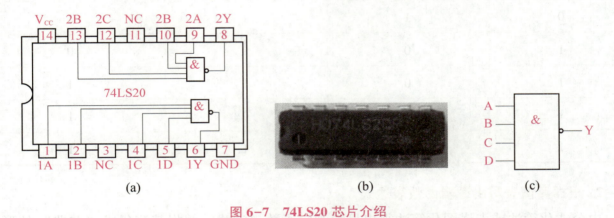

图 6-7　74LS20 芯片介绍

(a) 74LS20 芯片引脚排列；(b) 74LS20 芯片实物；(c) 74LS20 芯片逻辑符号

3) 三人表决器电路工作原理

图 6-5 中，电路由 74LS00 的四组 2 输入端的与非门集成电路与 74LS20 的二组 4 输入端的与非门集成电路构成。3 个按键开关分别代表 A、B、C，用一只 LED 指示灯来显示表决结果。当 A、B、C 中有任意两人按下按钮后，工作电路向 74LS00 中任意一个与非门电路的输入端输入两个高电平，74LS00 的输出端 Y 输入进 74LS20 任意一个与门非电路中，电路只要满足一个条件即输出端有电压输出，LED 发光二极管就能被点亮。

四、三人表决器逻辑电路设计

设计要求：三人分别用手指控制三个按键开关 A、B、C 来表示自己的意愿，如果对某提案表示同意，就把自己的按键按下（表示高电平），如果不同意就不按下按键（表示低电平），表决结果用 LED（高电平亮）显示。当三人表决某人的提案时，有两人或两人以上同意，提案通过，电路板上 LED 灯亮；否则提案不通过，电路板上 LED 灯不亮。用与非门来实现该电路。

1. 根据题意列出三人表决电路真值表

设 A、B、C 三人为输入变量，同意提案时用输入"1"表示，不同意时用输入"0"表示；表决结果 Y 为输出变量，提案通过用输出"1"表示，提案不通过用输出"0"表示。由此可列出表决电路真值表，如表 6-1 所示。

表 6-1 表决电路真值表

输入			输出
A	B	C	Y
0	0	0	0
0	0	1	0
0	1	0	0
0	1	1	1
1	0	0	0
1	0	1	1
1	1	0	1
1	1	1	1

2. 根据真值表写出逻辑函数表达式

由公式化简法或卡诺图化简法得出最简逻辑函数表达式，并将其演化成"与非"的形式，如图 6-8 所示。

$$Y = \bar{A}BC + A\bar{B}C + AB\bar{C} + ABC$$
$$= \bar{A}BC + A\bar{B}C + AB$$
$$= B(\bar{A}C + A) + A(\bar{B}C + B)$$
$$= BC + AB + AC$$
$$= \overline{\overline{AB + AC + BC}}$$
$$= \overline{\overline{AB} \cdot \overline{AC} \cdot \overline{BC}}$$

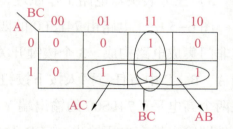

图 6-8 "与非"形式电路图

3. 根据逻辑函数表达式画出逻辑电路图

根据逻辑函数表达式画出用"与非门"构成的逻辑电路图，如图 6-9 所示。

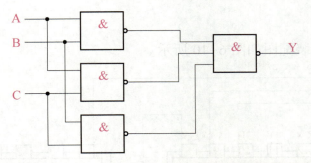

图 6-9 用"与非门"构成的三人表决器逻辑电路图

五、电路板的设计

1. 备齐元器件及设备

元器件及设备清单如表 6-2 所示。

表 6-2 元器件及设备清单

序号	名称	标号	规格	数量	单位	图例	参考价格/元
1	集成芯片	IC1	74LS00	1	只	HD74LS00P	2
2	集成芯片	IC1	74LS20	1	只	HD74LS20P	2
3	集成电路座		DIP-14 芯片座	1	只		0.8
4	电阻器	$R_1 \sim R_4$	1 kΩ	4	只	棕 黑 红 金	0.15
5	按键开关	$S_1 \sim S_4$	6 mm×6 mm×5 mm	4	只		0.15
6	发光二极管	LED	红 φ5 mm	1	只		0.2
7	导线		芯径 0.5 mm 单股铜线	若干	m	略	0.5
8	直流稳压电源		±5 V	1	只	略	略

2. 电路的整体布局

三人表决器电路布局装配图如图 6-10 所示。

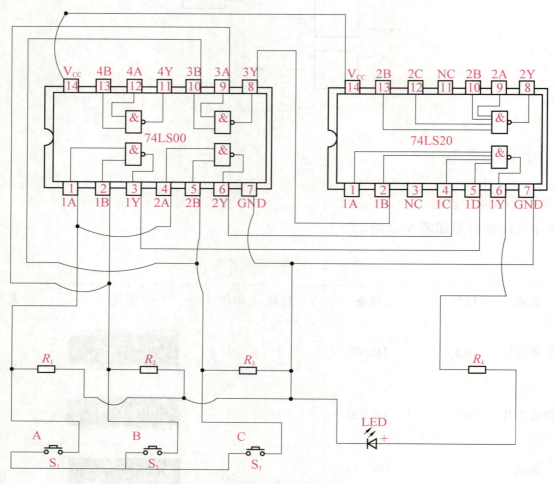

图 6-10　三人表决器电路布局装配图

六、技能拓展

由触发器构成的一个 4 人竞赛抢答器的制作。其内容如下。

1）每个参赛者控制一个按钮，用按动按钮发出抢答信号。

2）竞赛主持人另有一个按钮，用于将电路复位。

3）竞赛开始后，先按动按钮者将对应的一个发光二极管点亮，此后其他 3 人如果再按动按钮，则对电路不起作用。

1. 电路的整体布局

4 人竞赛抢答器电路图如图 6-11 所示。

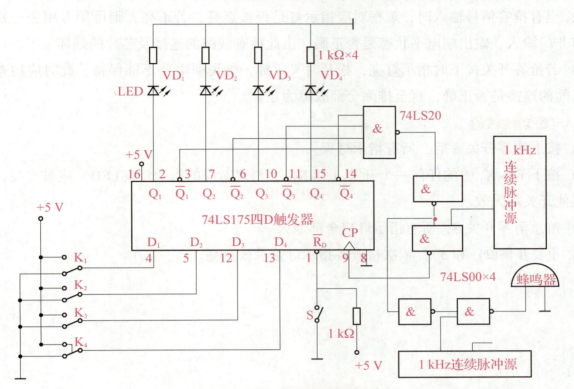

图 6-11　4 人竞赛抢答器电路图

2. 电路功能介绍

图 6-11 的电路图是由集成触发器构成的供 4 人用的竞赛抢答器线路，用以判断抢答优先权。在竞赛抢答器中，S 为手动清零控制开关，K_1、K_2、K_3、K_4 为抢答按钮开关，该电路具有如下功能。

1）开关 S 为总清零及允许抢答控制开关（可由主持人控制）。当开关 S 被按下时抢答电路清零，这时 74LS175 的输出 $Q_1 \sim Q_4$ 全为 0，所有发光二极管 LED 均熄灭。松开 S 后则允许抢答。由抢答按钮开关 $K_1 \sim K_4$ 实现抢答信号的输入。

2）当主持人宣布"抢答开始"后，首先作出判断的参赛者立即按下开关，对应的发光二极管被点亮，同时，通过与非门 74LS20 送出信号锁住其余 3 个抢答者的电路，从而不再接收其他选手的信号（即此时再按其他任何一个抢答开关均无效，指示灯仍"保持"第一个开关按下时所对应的状态不变），直到主持人再次清除信号为止。

3. 电路连接

检测所用的器件，按图 6-11 连接电路。先在电路板上插接好 IC1 器件。在插接器件时，要注意 IC1 芯片的豁口方向（都朝左侧），同时要保证 IC1 管脚与插座接触良好，管脚不能弯曲或折断。指示灯的正、负极不能接反。在通电前先用万用表检查各 IC1 的电源接线是否正确。

4. 电路调试

1）首先按抢答器功能进行操作，若电路满足要求，则说明电路没有故障；若电路某些功能不能实现，则要设法查找并排除故障。排除故障可按由输入到输出方式查找，也可按由输出到输入方式查找。

2）当有抢答信号输入时，观察对应指示灯是否被点亮，若不亮，则可用万用表分别测量相关与非门输入、输出端电平状态是否正确，由此检查线路的连接及芯片的好坏。

3）若抢答开关按下时指示灯亮，松开时又灭掉，则说明电路不能保持，此时应检查与非门相互间的连接是否正确，直至排除全部故障为止。

5. 电路功能试验

1）按下清零开关 S 后，所有指示灯灭。

2）按下 $K_1 \sim K_4$ 中的任何一个开关（如 K_1），与之对应的指示灯（LED）应被点亮，此时再按其他开关均无效。

3）按总清零开关 S，所有指示灯应全部熄灭。

4）重复步骤 2）和 3），依次检查各指示灯是否被点亮。

项目七

两位按键计数器的制作

知识目标

◆ 掌握 CD4026 芯片的功能，熟识共阴极 LED 数码管的内部连接。
◆ 理解 CD4026 与共阴极 LED 数码管连接的工作原理。
◆ 理解数字电路的要求，初步掌握两位按键计数器电路的设计。

技能目标

◆ 能够判断芯片正确的引脚位置。
◆ 能够正确安装所选定的电路。
◆ 会根据电路原理图画出实物装配图。
◆ 会根据测试结果分析电路故障产生的原因。

任务　两位按键计数器的制作

知识树

任务描述

时序逻辑电路简称时序电路，它由逻辑门电路和触发器组成，是一种具有记忆功能的逻辑电路，常用的电路类型有寄存器和计数器。本任务制作一款 CD4026 应用电路——用按键控制一位数码管的计数器。CD4026 芯片同时具有显示译码功能，可将计数器的十进制计数转换为驱动数码管显示的七段显示码，省去了专门的显示译码器。CD4026 芯片的输出 a、b、c、d、e、f、g 直接与 LED 数码管连接。CD4026 的 CR 为异步清零端，CR = 1 时立即使计数器清零。

本任务需要准备的元器件有：按键、电阻、CD4026、共阴极数码管各 1 个，电池 3~18 V 均可。

任务成品展示

两位按键计数器电路焊接成品图如图 7-1 所示。

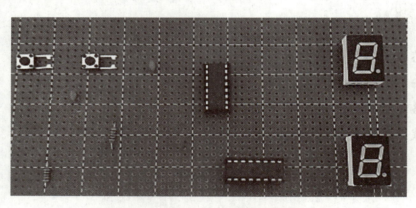

两位按键
计数器电路

图 7-1　两位按键计数器电路焊接成品图

任务相关知识

一、CD4026 的简介

CD4026 是一款兼备十进制计数和七段译码两大功能的芯片，通常在 CP 脉冲的作用下为共阴极七段 LED 数码管，显示并提供输入信号。因此，在一些无须预置数的电子产品中得到了广泛的应用，节约了开发成本。由于 CD4026 输出端的信号有规律可循，经合理反馈后可获得进位脉冲信号和本位清零信号，所以可实现数字钟计时功能。

1. CD4026 的引脚图

CD4026 引脚排列图如图 7-2 所示。

项目七 两位按键计数器的制作 125

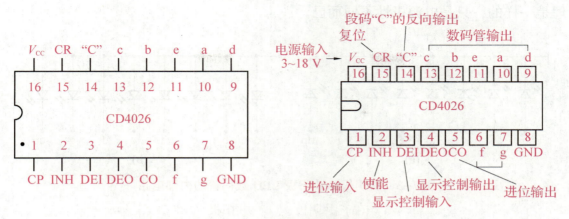

图 7-2 CD4026 引脚排列图

2. CD4026 的引脚功能

CD4026 引脚功能说明如表 7-1 所示。

表 7-1 CD4026 引脚功能说明

引脚	功能
1	进位输入（时钟）
6、7、9、10、11、12、13、	数码管输出（七段译码显示输出）
2	使能（闸门信号）
15	复位端（异步清零端）
3	显示控制输入端
5	进位输出（溢出端）
4	显示控制输出端
14	段码"C"的反向输出
8	地
16	电源

二、LED 数码管

1. LED 数码管简介

LED 数码管是一种半导体发光器件。数码管可分为七段数码管和八段数码管，区别在于八段数码管比七段数码管多一个用于显示小数点的发光二极管单元，其基本单元是发光二极管。

LED 数码管根据 LED 接法的不同分为共阴极和共阳极两类。了解 LED 的这些特性，对编程是很重要的，因为不同类型的数码管，除了它们的硬件电路有差异外，其编程方法也是不同的。共阴极和共阳极 LED 数码管的内部电路分别如图 7-3（a）、图 7-3（b）所示，它们的发光原理是一样的，只是电源极性不同而已。

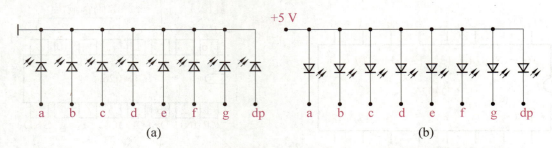

图 7-3 共阴极和共阳极 LED 数码管的内部电路

（a）共阴极；（b）共阳极

1）图 7-3（a）中，将多只 LED 的阴极连在一起即为共阴极，如果把阴极接负电源（接地），在相应段的阳极接上正电源，那么这些段即会发光，从而显示相应的数字。

2）图 7-3（b）中，将多只 LED 的阳极连在一起即为共阳极，如果把阳极接正电源（+5 V），在相应段的阴极接上负电源（接地），那么这些段即会发光，从而显示相应的数字。

3）因为 LED 数码管的电流通常较小，所以一般均需在回路中接上限流电阻，否则，数码管容易损坏。

2. 一位 LED 数码管的测试方法

测试：LED 数码管的测试同普通半导体二极管一样。

注意：万用表应要放在 $R×10\ k\Omega$ 挡。

1）如图 7-4（a）所示，对于共阴极的数码管，测量时红表笔接数码管的"−"（GND），黑表笔分别接其 a~g 引脚，此时万用表指针向右偏转（30 kΩ 左右）。

2）如图 7-4（b）所示，对于共阳极的数码管，测量时黑表笔接数码管的"+"（V_{CC}），红表笔分别接其 a~g 引脚，此时万用表指针向右偏转（30 kΩ 左右）。

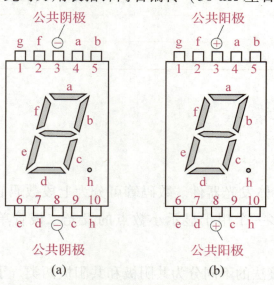

图 7-4 一位数码管的外形图

（a）共阴极数码管；（b）共阳极数码管

3. LED 数码管使用注意事项说明

1）不要用手触摸数码管表面，不要用手去掰动引脚。

2）焊接温度：260℃；焊接时间：5 s 左右。

3）表面有保护膜的产品，在使用前要撕下来。

三、两位按键计数器电路的组成

1. 电路的实物图和电路原理图

本任务是制作两位按键计数器电路，其主要由 CD4026 芯片和共阴极 LED 数码管及电阻、电容和按键等辅助元器件组成。其元器件实物连接图如图 7-5 所示。

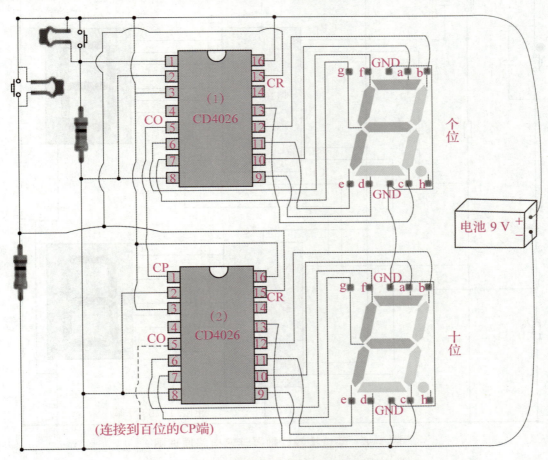

图 7-5 两位按键计数器元器件实物连接图

2. 电路的原理分析

两位按键计数器连接电路原理图如图 7-6 所示。电路实现的功能：按一下 K_1 按键，个位上 LED 数码管上的数字加 1，加到 9 后再按一下个位上的 LED 数码管显示 0，十位上的 LED 数码管显示 1，持续按下 K_1 按键，LED 数码管上的数字从 0 增加至 99。

K_2 按键为复位键，想把所有位都清 0 不如一位清 0 那么简单，所以设置复位键显得非常有必要，把 K_2 按键接在所有 CD4026 的 15 脚 CR 端，只接一个下接电阻。有了 K_2 复位键就能全局清 0，从而能够随时随地清 0 重新计数。注意：芯片输入端一定不能悬空，INH 和 CR 接低电平，DEI 接高电平。电路制作完成后，按下 K₁ 按键，数码管上显示的数字就会往上加 1，直至显示数字 99 后归 0。再次按下按键，数字 0~99 会循环显示在数码管上。

有时当按一下 K₁ 按键时，数字会出现多加几次的情况，是因为按键在按下时发生了抖动。抖动会使 CD4026 误认为很快速地连续按了几次，从而数字会往上增加。解决这个问题的方法，如图 7-7 所示，只要在按键的两个引脚上并联 1 个 0.01~0.1 μF 的电容。电容有减慢电路中电流变化的效果，可以使按键的抖动被减小。如果并联电容的效果不理想，就更换更大的电容值，直到稳定为止。

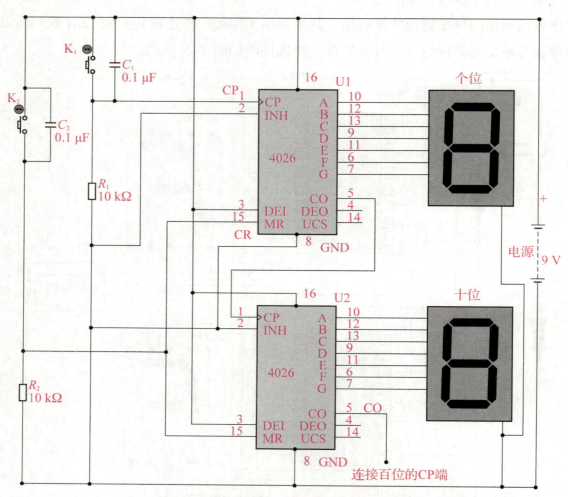

图 7-6　两位按键计数器连接电路原理图

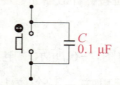

图 7-7　按键并联电容示意图

四、电路板的设计

1. 备齐元器件及设备

元器件及设备清单如表7-2所示。

表7-2 元器件及设备清单

序号	名称	标号	规格	数量	单位	图例	参考价格/元
1	集成芯片	IC1	CD4026	2	只		3
2	集成电路座		DIP-16 芯片座	1	只		0.8
3	一位共阴极数码管		BS311201A	2	只		2
4	电阻	R	10 kΩ	2	只	棕 黑 橙 金	0.15
5	电容	C	0.1 μF（104）	2	只		0.2
6	2脚按键开关	K	6 mm×6 mm×5 mm	2	只		0.15
7	电池		9 V	1	只	略	10
8	导线		芯径0.5 mm 单股铜线	若干	m	略	0.5

2. 电路的整体布局

两位按键计数器电路布局装配图如图 7-8 所示。

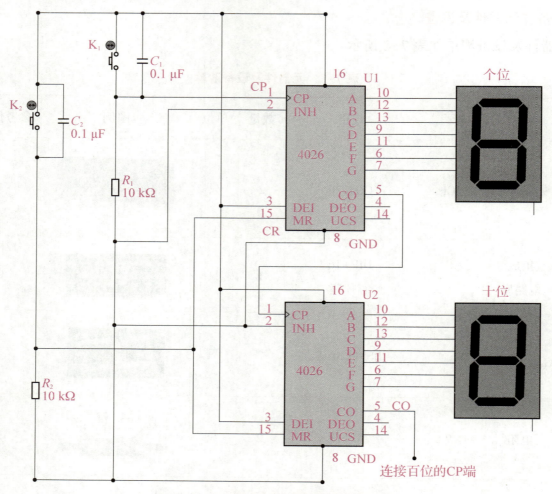

图 7-8　两位按键计数器电路布局装配图

项目八

小型扩音器的制作

 知识目标

◆ 掌握 LM386 芯片的功能，熟识 LM386 各引脚的作用。
◆ 理解 LM386 与各元器件连接的工作原理。
◆ 理解电路的要求，初步掌握小型扩音器电路的设计。

 技能目标

◆ 能够判断正确的引脚位置。
◆ 能够正确安装所选定的电路。
◆ 会根据电路原理图画出实物装配图。
◆ 会根据测试结果分析故障产生的原因。

任务 小型扩音器的制作

 知 识 树

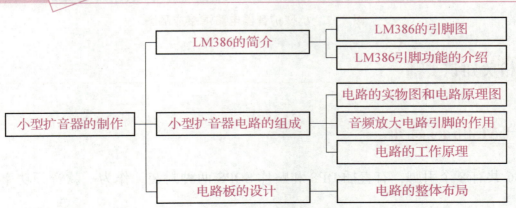

任务描述

音频集成功率放大芯片 LM386，是具有自身功耗低、更新内链增益可调整、电源电压范围大、总谐波失真小等优点的功率放大器。可用于制作助听器、小音箱等有趣又实用的音频放大装置。LM386 的引脚少、外围元件少、电路简单，是制作音频功率放大装置的首选芯片。

本任务是制作一款小型扩音器。它的结构组成包括扬声器、电池、驻极体传声器和放大电路。常见的小型扩音器外形如图 8-1 所示。

图 8-1　常见的小型扩音器外形

任务成品展示

小型扩音器电路焊接成品图如图 8-2 所示。

图 8-2　小型扩音器电路焊接成品图

小型扩音器
电路 7

任务相关知识

一、LM386 的简介

LM386 共有 8 个引脚，有直插 DP8 和贴片 SOP8 两种封装。作为一款音频功率放大芯片，它的主要功能是提高音频信号的驱动能力。一般的音频输入端的电流都很小，不能驱动扬声器产生足够的音量，但是 LM386 有 0.5 W 的驱动功率，足够日常使用。它的输入电压是 4~12 V，放大倍数是 20~200 倍，静态工作电流是 24 mA，适用于电池供电。

1. LM386 的引脚图

LM386 的引脚图如图 8-3 所示。图 8-3（a）是 LM386 引脚排列图，图 8-3（b）是电路原理图。

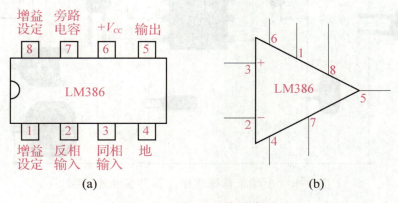

图 8-3　LM386 的引脚图

（a）引脚排列图；（b）电路原理图

2. LM386 引脚功能的介绍

LM386 引脚功能说明如表 8-1 所示。

表 8-1　LM386 引脚功能说明

引脚	功能
1	增益设定
2	反相输入
3	同相输入
4	地
5	输出
6	电源
7	旁路电容
8	增益设定

二、小型扩音器电路的组成

1. 电路的实物图和电路原理图

本任务制作的小型扩音器电路，主要由 LM386 芯片和阻容元器件、传声器及扬声器等辅助元器件组成。其元器件实物连接图如图 8-4 所示。

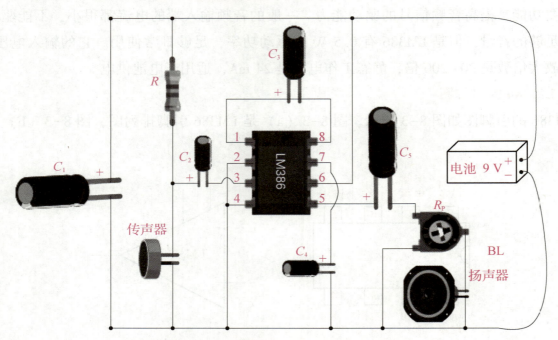

图 8-4 小型扩音器电路元器件实物连接图

2. 音频放大电路引脚的作用

1）电源正、负极在 LM386 上对应的是第 6 引脚 V_{CC}（电源输入正极）和第 4 引脚 GND（电源负极）。

2）LM386 音频输入有两个引脚，分别是第 2 引脚反相输入（-）和第 3 引脚同相输入（+）。

3）LM386 音频输出端没有正、负极的说法，只有一个引脚，即第 5 引脚。

4）LM386 音频第 1 引脚和第 8 引脚是增益设置端。LM386 有 20~200 倍的放大倍数，设置倍数的大小要用到第 1 引脚和第 8 引脚增益设置端。如果第 1 引脚和第 8 引脚两端口悬空，则放大倍数是 20 倍，如果在第 1 引脚和第 8 引脚上加 10 pF 电容，放大倍数即成 200 倍。

5）第 7 引脚是旁路接口，它的功能是滤波。音频电路里都会有噪声，特别是在电源开/关的瞬间。为了去除 LM386 可能产生的噪声，第 7 引脚可接 4.7 μF 或 10 μF 的电容，并连接到 GND，电容可减缓芯片内部电压的变化，使部分噪声被滤除。如果不在乎噪声，或者电源及音频源都没有噪声，那么第 7 引脚可以悬空。

3. 电路的工作原理

小型扩音器连接电路原理图如图 8-5 所示，驻极体传声器只要给一个偏压电阻扩音器就能工作，其输出电流相当小，这里 LM386 依然采用 200 倍的放大模式。传声器上接了 R（4.7kΩ）的偏压电阻，再通过 C_2（4.7 μF）电容滤掉直流，送入 LM386 输入引脚（第 3 引脚）。音量部分是通过串联在输出端（第 5 引脚）的电位器来调节。

需要注意的是，这款电路对电源功率的要求比较高，建议使用 4 节 5 号电池供电。如果还是觉得音量不够大，可以加大电源电压。

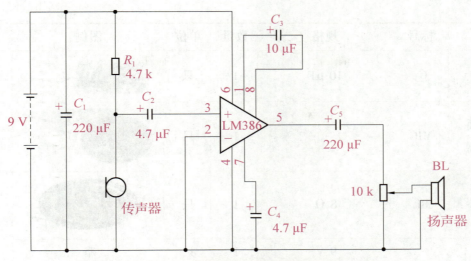

图 8-5 小型扩音器连接电路原理图

三、电路板的设计

1. 备齐元器件及设备

元器件及设备清单如表 8-2 所示。

表 8-2 元器件及设备清单

序号	名称	标号	规格	数量	单位	图例	参考价格/元
1	集成芯片	IC1	LM386	1	只		3
2	集成电路座		DIP-8 芯片座	1	只		0.5
3	电位器	R_P	10 kΩ	1	只		0.3
4	电阻	R	4.7 kΩ	1	只		0.15
5	电解电容	C_1、C_5	220 μF	2	只		0.3
6	电解电容	C_2、C_4	4.7 μF	2	只		0.2

续表

序号	名称	标号	规格	数量	单位	图例	参考价格/元
7	电解电容	C_3	10 μF	1	只		0.2
8	驻极体传声器	MIC		1	只		2
9	扬声器	BL	8 Ω	1	只		4
10	电池		9 V	1	只	略	10
11	导线		芯径 0.5 mm 单股铜线	若干	m	略	0.5

2. 电路的整体布局

小型扩音器电路装配图如图 8-6 所示。

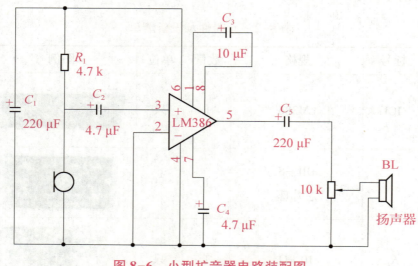

图 8-6 小型扩音器电路装配图

参考文献

[1] 杨清学. 电子装配工艺［M］. 北京：电子工业出版社，2003.

[2] 李秀玲. 电子技术基础项目教程［M］. 北京：机械工业出版社，2008.

[3] 廖芳. 电子产品制作工艺与实训［M］. 3版. 北京：电子工业出版社，2011.

[4] 陈振源. 电子技术基础与技能［M］. 北京：高等教育出版社，2010.

[5] 龚国友. 电子产品工艺与实训［M］. 北京：清华大学出版社，2012.

[6] 邵玫. 电子产品生产工艺与管理［M］. 北京：中国人民大学出版社，2013.

[7] 叶莎. 电子产品生产工艺与管理项目教程［M］. 北京：电子工业出版社，2013.

[8] 邱红. 电子技术及装配实训指导书［M］. 福州：福建教育出版社，2014.

[9] 樊胜民. 电子制作［M］. 北京：化学工业出版社，2015.

[10] 杜洋. 面包板电子制作［M］. 北京：人民邮电出版社，2015.

[11] 王红林. 电子产品生产工艺及管理［M］. 北京：北京邮电大学出版社，2015.

[12] 蔡建军. 电子产品工艺与品质管理［M］. 北京：北京理工大学出版社，2018.

[13] 王彰云、谢兰清. 电子电路分析与制作［M］. 北京：北京理工大学出版社，2018.

[14] 李宗宝. 电子产品工艺［M］. 北京：北京理工大学出版社，2019.

[15] 兰如波. 电子工艺实训教程［M］. 北京：北京理工大学出版社，2019.

[16] 王霄霞. 电子产品装调技术与实训［M］. 北京：北京理工大学出版社，2019.

[17] 全国安全生产教育培训教材编审委员会. 低压电工作业［M］. 北京：中国矿业大学出版社，2021.

目　录

项目一　常用电子元器件的识别与检测 ··· 1
　　任务 1-1　认识电子线路焊接实训场所 ··· 1
　　任务 1-2　常用电子元器件的识别与检测 ·· 3

项目二　电子元器件手工焊接工艺认识及手工焊接技能训练 ························ 11
　　任务　电子元器件手工焊接工艺认识及手工焊接技能训练 ····················· 11

项目三　直流稳压电源的制作 ··· 16
　　任务 3-1　整流电路和滤波电路的制作 ·· 16
　　任务 3-2　稳压管并联型稳压电路的制作 ·· 21
　　*任务 3-3　三极管串联型稳压电路的制作 ·· 26

项目四　三极管放大电路的应用 ·· 31
　　任务 4-1　基本放大电路的制作 ··· 31
　　任务 4-2　花盆缺水报警器的制作 ·· 37
　　任务 4-3　高灵敏光控 LED 灯的制作 ··· 41
　　任务 4-4　声控 LED 闪灯的制作 ·· 45
　　任务 4-5　触摸声光电子门铃的制作 ··· 50
　　*任务 4-6　触摸开关 LED 灯的制作 ··· 54
　　*任务 4-7　水满声光报警器的制作 ·· 58

项目五　晶闸管可控整流电路的制作 ··· 64
　　任务　晶闸管可控整流电路的制作 ··· 64

项目六　三人表决器电路的制作 ·· 71
　　任务　三人表决器电路的制作 ·· 71

项目七　两位按键计数器的制作 ·· 77
　　任务　两位按键计数器的制作 ·· 77

项目八　小型扩音器的制作 ··· 82
　　任务　小型扩音器的制作 ·· 82

项目一　常用电子元器件的识别与检测

任务 1-1　认识电子线路焊接实训场所

❖ **任务实施内容**

一、看一看

观察实训场所，熟悉实训场所的环境及使用的要求。

二、评一评

收获体会，学习、讨论实训室的管理制度，分小组讲述学习体会。

三、做一做

工作任务实施如表 1-1 所示。

表 1-1　工作任务实施

项目序号		日期		教师	
任务名称	认识电子线路焊接实训场所			任务课时	1
工作环境及设备材料	电子线路焊接实训场所、万用表、电烙铁、烙铁架、剪刀、镊子、尖嘴钳、平嘴钳				
教学目标 （操作技能和相关知识）	1）理解电子线路焊接实训场所及对实训人员的基本素质要求。 2）熟悉电子线路焊接实训场所的环境及对设备使用的要求				

❖ **任务实施步骤**

一、准备知识

（1）电气安全知识。

（2）电路基础和电子技术的基本理论知识。

二、训练内容

（1）了解电子线路实训场所及对实训人员的基本素质要求。

（2）按教师要求的座位就座。

（3）学习实训室的管理和学生守则。

三、材料及工具

万用表、电烙铁、剪刀、镊子、尖嘴钳、平嘴钳、螺具、实训记录本。

四、训练步骤

（1）按座位就座。

（2）学习实训室的 8S 管理和学生守则。

（3）熟悉电子线路焊接实训场所的环境（含实训台电源控制）。

（4）发放实训工具。

❖ 任务评价

本次任务评价为工作行为评价，每项评分由自评、互评和教师评价 3 部分组成。其中，自评得分占比为 20%、互评得分占比为 20%，教师评价占比为 60%。

工作任务评价表如表 1-2 所示。

表 1-2　工作任务评价表

工作行为							
项目序号			日期		班级		
任务名称					姓名		
序号	项目	内容及标准	分值	自评得分（20%）	互评得分（20%）	教师评价（60%）	合计
1	安全文明操作（8S 管理：整理、整顿、清洁、清扫、素养、安全、节约、学习）	安全：人身安全	5				
		操作安全	5				
		仪器工具无损坏	5				
		岗位：不离岗、不串岗	5				
		保持岗位整洁性（工作台上工具仪器摆放规范，无灰尘，不摆放无关物品；工作台下地面清洁）	10				
		遵守工作场所制度	10				
		规程：按任务步骤工作，文明工作，文明检修	10				
		材料：工完料清，不浪费材料	10				
2	工作态度	积极、主动、认真完成工作任务	10				
		个人任务独立完成	10				
		小组项目团结协作共同完成	10				

续表

序号	项目	内容及标准	分值	自评得分（20%）	互评得分（20%）	教师评价（60%）	合计
3	工作记录	完整填写"做一做"中的工作任务实施表，缺扣5分，迟交扣3分	5				
		认真完成"做一做"中的学习笔记，缺扣5分，迟交扣3分	5				
						合计：	

说明：工作行为部分主要由小组成员自评、互评和实训指导教师评价相结合，实行百分制

❖ 同步练习

1. 实训室教学安全和文明生产的要求有哪些内容？
2. 什么是8S管理？实训室学生守则有哪些内容？

任务1-2　常用电子元器件的识别与检测

❖ 任务实施内容

一、认一认

识别电阻、电位器、电容器、二极管、三极管、单向晶闸管、单结晶体管、扬声器、传声器、按键和变压器。

二、测一测

用万用表检测电阻、电位器、电容器、二极管、三极管、单向晶闸管、单结晶体管、扬声器、传声器、按键和变压器，测其参数和判断其质量。

三、评一评

对电子元器件的检测进行考评。

四、做一做

工作任务实施如表1-3所示。

表1-3　工作任务实施

项目序号		日期		指导教师	
任务名称		常用电子元器件的识别与检测		任务课时	6
工作地点及设备材料		电子技术实训室、多媒体设备、万用表、电子元器件			

续表

教学目标 （操作技能和相关知识）	1）会识别电阻、电位器、电容器、二极管、三极管、单向晶闸管、单结晶体管、扬声器、按键和变压器。 2）掌握电阻、电位器、电容器、二极管、三极管、单向晶闸管、单结晶体管、扬声器、按键和变压器的检测方法。 3）会用万用表检测电位器、电容器、二极管、三极管、单向晶闸管、单结晶体管、扬声器、按键和变压器的好坏

❖ 任务实施步骤

一、准备知识

（1）万用表的使用。

（2）电阻、电位器、电容器、二极管、三极管、单向晶闸管、单结晶体管、扬声器、按键和变压器的基本知识。

二、训练内容

（1）认识电阻、电位器、电容器、二极管、三极管、单向晶闸管、单结晶体管、扬声器、按键和变压器。

（2）用万用表检测电阻、电位器、电容器、二极管、三极管、单向晶闸管、单结晶体管、扬声器、按键和变压器。

三、材料及工具

电子元器件和万用表。

四、训练步骤

（1）识别和检测电阻，并填写表1-4。

表1-4 各类电阻的识别与检测

序号	电阻标注色环颜色 （按色环顺序）	标称电阻值及误差 （由色环写出）	万用表挡位	测量电阻值（万用表）
1				
2				
3				
4				
5				
6				
7				
8				

续表

测量电位器	固定端之间电阻值（读数）	电阻值变动范围	万用表挡位	电阻值突变	指针跳动
1					
2					
3					
测量光敏电阻	检测暗阻阻值	检测亮阻阻值	万用表挡位	质量判别（优/劣）	
1					
2					
识别、测试中出现的问题					

（2）识别和检测电容器，并填写表 1-5。

表 1-5　电容器的识别及漏电阻值的检测

序号	电容器类型	读出标称容量值	万用表挡位	实测漏电阻值
1				
2				
3				
4				
识别、测试中出现的问题				

（3）识别和检测二极管，并填写表 1-6。

表 1-6　二极管极性与性能判断

序号	二极管类型及标注	万用表挡位				质量判别（优/劣）
		"$R \times 100$"		"$R \times 1\ k$"		
		正向电阻值	反向电阻值	正向电阻值	反向电阻值	
1						
2						
3						
4						
识别、测试中出现的问题						

(4) 识别和检测三极管,并填写表1-7。

表1-7 三极管类型与性能检测

序号	标注型号与类型（NPN型或PNP型）	b、e间电阻值	e、b间电阻值	b、c间电阻值	c、b间电阻值	β值	万用表挡位	质量判别（优/劣）
1								
2								
3								
4								
识别、测试中出现的问题								

(5) 识别和检测单向晶闸管,并填写表1-8。

表1-8 单向晶闸管的性能检测

序号	标注型号	a、k间电阻值	k、a间电阻值	a、g间电阻值	g、a间电阻值	g、k间电阻值	k、g间电阻值	万用表挡位	能否触发导通	万用表挡位	质量判别（优/劣）
1											
识别、测试中出现的问题											

(6) 识别和检测单结晶体管,并填写表1-9。

表1-9 单结晶体管的性能检测

序号	标注型号	e、b_1间电阻值	e、b_2间电阻值	b_1、e间电阻值	b_2、e间电阻值	b_1、b_2间电阻值	万用表挡位	质量判别（优/劣）
1								
识别、测试中出现的问题								

(7) 识别和检测扬声器,并填写表1-10。

表1-10 扬声器的性能检测

序号	标注型号	内部线圈的电阻值	万用表挡位	质量判别（优/劣）
1				
识别、测试中出现的问题				

（8）识别和检测按键，并填写表 1-11。

表 1-11　按键的性能检测

序号	标注型号	按下微动开关按钮的电阻值	松开微动开关按钮的电阻值	万用表挡位	质量判别（优/劣）
1					
识别、测试中出现的问题					

（9）识别和检测变压器，并填写表 1-12。

表 1-12　变压器的性能检测

序号	标注型号	初级和次级绝缘之间电阻值	万用表挡位	初级 1、2 端之间电阻值	次级 4、5、6 端之间电阻值	万用表挡位	质量判别（优/劣）
1							
2							
识别、测试中出现的问题							

五、学习笔记

_____
_____
_____
_____
_____
_____
_____

❖ 任务评价

任务评价分为工作行为评价及工作质量评价，工作行为占比 20%，工作质量占比 80%。每项评分由自评、互评和教师评价 3 部分组成。其中，自评得分占比为 20%、互评得分占比为 20%，教师评价占比为 60%。

工作任务评价表如表 1-13 所示。

表1–13 工作任务评价表

工作行为							
项目序号		日期		班级			
任务名称				姓名			
序号	项目	内容及标准	分值	自评得分（20%）	互评得分（20%）	教师评价（60%）	合计
1	安全文明操作	安全：人身安全	5				
		操作安全	5				
		仪器工具无损坏	5				
		岗位：不离岗、不串岗	5				
		保持岗位整洁性（工作台上工具仪器摆放规范，无灰尘，不摆放无关物品；工作台下地面清洁）	10				
		遵守工作场所制度	10				
		规程：按任务步骤工作，文明工作，文明检修	10				
		材料：工完料清，不浪费材料	10				
2	工作态度	积极、主动、认真完成工作任务	10				
		个人任务独立完成	10				
		小组项目团结协作共同完成	10				
3	工作记录	完整填写"做一做"中的工作任务实施表，缺扣5分，迟交扣3分	5				
		认真完成"做一做"中的学习笔记，缺扣5分，迟交扣3分	5				
						合计：	

工作质量							
序号	考核项目	评分标准	配分	自评得分（20%）	互评得分（20%）	教师评价（60%）	得分
1	色环电阻和电位器的检测	色环标注值识别错误扣5分，用万用表测电阻不正确扣5分，用万用表测电位器的质量不正确扣5分	15				

续表

序号	考核项目	评分标准	配分	自评得分（20%）	互评得分（20%）	教师评价（60%）	得分
2	电容器的识别和检测	电解电容器极性判断不正确扣5分，电容器标注值读错扣5分，用万用表检测电容器不正确扣5分	15				
3	二极管、三极管识别和检测	二极管正、反向电阻测试不正确扣5分，二极管的极性识别错误扣5分；三极管和引脚极性识别错误扣10分，三极管的管型错误扣5分	25				
4	扬声器、按键的识别和检测	扬声器识别不正确扣5分，按键的识别和检测错误扣5分	10				
5	单向晶闸管、单结晶体管的识别和检测	单向晶闸管的引脚识别和检测错误扣10分，单结晶体管引脚的识别和检测不正确扣10分	25				
6	变压器的识别和检测	变压器的识别和检测不正确扣10分	10				
7	工时：240 min						
						合计：	
	工作行为（20%）	工作质量（80%）				总得分	

指导教师签字：

说明：1）工作行为部分主要由小组成员自评、互评和实训指导教师评价相结合，实行百分制。
　　　2）工作质量部分主要由小组成员自评、互评和实训指导教师评价相结合，实行百分制。

❖ 同步练习

一、填空题

1. 电阻在电路中主要的作用是_____，起到_____或_____的作用。
2. 微调电阻数码标示法472电阻值为_____ kΩ。
3. 用手盖住或用一纸片将光敏电阻的透光窗遮住，此时万用表的指针基本保持不动，阻值接近∞。此值越大说明_____；若此值越小或接近于0，说明光敏电阻_____。
4. 瓷介电容直标法104电容值为_____ μF。
5. 用指针式万用表测量二极管正负极时，当看到指针有较大偏转时，说明_____表笔接的是二极管的负极。

6. 发光二极管的管脚引线以较长者为_____极，较短者为_____极。
7. 晶体管的3个电极分别称为_____、_____和_____。
8. 单向晶闸管的3个电极分别称为_____、_____和_____。
9. 单结晶体管的3个电极分别称为_____、_____和_____。
10. 有源蜂鸣器有两个引脚，有正、负极之分，长脚为_____极。
11. 扬声器测量其内部线圈的电阻时，正常的阻值应与标称阻值_____或_____，同时扬声器会发出轻微的"嚓嚓"声，表示线圈是_____。
12. 驻极体传声器也称_____，它是利用驻极体材料制成的一种特殊电容式_____转换器件。也是一种将声音转化为相应的_____。
13. 按键也称为微动开关，是最常用的元器件。按键大体分为两种，一种是松开手后可以自动弹起的按键，称为_____按键。还有一种是保持当前状态的按键，称为_____按键。
14. 将万用表拨到电阻挡 $R×1\ k\Omega$ 分别测量变压器初级和次级的绝缘电阻值，若测出的电阻值为 ∞ ，说明_____；若测出的电阻为0，说明_____；若有一定阻值，说明_____。

二、思考题

1. 分别画出下列元器件的图形符号：
（1）电阻器、电位器；
（2）电解电容器、瓷介电容器；
（3）二极管、三极管、单向晶闸管和单结晶体管；
（4）蜂鸣器、扬声器、传声器、按键和变压器。
2. 电阻识别：
（1）用四色环标注出电阻：$330\ \Omega±5\%$，$5.1\ k\Omega±5\%$；
（2）用五色环标注出电阻：$47\ k\Omega±1\%$，$100\ \Omega±1\%$。
3. 如何从外形上判断电解电容、二极管的极性？
4. 变压器的作用是什么？

项目二 电子元器件手工焊接工艺认识及手工焊接技能训练

任务 电子元器件手工焊接工艺认识及手工焊接技能训练

❖ 任务实施内容

一、认一认

焊接材料和工具。

二、谈一谈

元器件引线手工加工和手工焊接的要领。

三、练一练

元器件引线手工加工和手工焊接练习。

四、做一做

工作任务实施如表 2-1 所示。

表 2-1 工作任务实施

项目序号		日期		教师	
任务名称	\multicolumn{2}{|c|}{电子元器件手工焊接工艺认识及手工焊接技能训练}		任务课时	4
工作地点及设备材料	\multicolumn{5}{	l	}{电子技术实训室,多媒体设备,电烙铁、尖嘴钳、剪刀、平嘴钳、铆钉板、导线、元器件若干和焊锡丝}
教学目标 (操作技能和相关知识)	\multicolumn{5}{	l	}{1) 认识焊接的材料和工具。 2) 掌握元器件引线加工方法。 3) 掌握手工焊接技术}

❖ 任务实施步骤

一、准备知识

(1) 电路基础和电子技术基础知识。

(2) 电子元器件的识别。

(3) 常用工具的使用。

二、训练内容

(1) 认识焊接的材料和工具。

(2) 元器件引线加工。

(3) 手工焊接。

三、材料及工具

电烙铁、尖嘴钳、剪刀、平嘴钳、铆钉板、导线、元器件若干和焊锡丝。

四、训练步骤

(1) 认识焊接工具和材料。

(2) 元器件引线加工。

1) 学习元器件引线加工方法。

2) 练习元器件引线加工（导线若干，电阻、电容器、三极管、单结晶体管、单向晶闸管等各两个）。

3) 元器件引线加工考评。

五、手工焊接

(1) 学习手工焊接方法。

(2) 练习手工焊接技术（焊接 40 个点，直到焊好），在电路板上焊接以下图案。

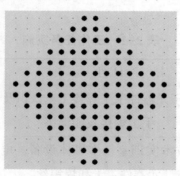

(3) 手工焊接考评。

1) 目视检查：从外观上检查焊接质量是否合格，焊点是否有漏焊，光泽好不好，焊料足不足，是否有桥接现象，有没有裂纹，是否有拉尖等缺陷。

2) 手触检查：用手指触摸元器件，看元器件的焊点有无松动、焊接不牢的现象；用镊子夹住元器件引线轻轻拉动，有无松动等现象。

六、学习笔记

❖ 任务评价

任务评价分为工作行为评价及工作质量评价，工作行为占比 20%，工作质量占比 80%。每项评分由自评、互评和教师评价 3 部分组成。其中，自评得分占比为 20%、互评得分占比为 20%，教师评价占比为 60%。

工作任务评价表如表 2-2 所示。

表 2-2 工作任务评价表

工作行为							
项目序号			日期		班级		
任务名称					姓名		
序号	项目	内容及标准	分值	自评得分（20%）	互评得分（20%）	教师评价（60%）	合计
1	安全文明操作	安全：人身安全	5				
		操作安全	5				
		仪器工具无损坏	5				
		岗位：不离岗、不串岗	5				
		保持岗位整洁性（工作台上工具仪器摆放规范，无灰尘，不摆放无关物品；工作台下地面清洁）	10				
		遵守工作场所制度	10				
		规程：按任务步骤工作，文明工作，文明检修	10				
		材料：工完料清，不浪费材料	10				
2	工作态度	积极、主动、认真完成工作任务	10				
		个人任务独立完成	10				
		小组项目团结协作共同完成	10				
3	工作记录	完整填写"做一做"中的工作任务实施表，缺扣 5 分，迟交扣 3 分	5				
		认真完成"做一做"中的学习笔记，缺扣 5 分，迟交扣 3 分	5				
						合计：	

续表

		工作质量					
序号	考核项目	评分标准	配分	自评得分（20%）	互评得分（20%）	教师评价（60%）	得分
1	元器件引线加工	元器件引线加工不正确，一个扣2分	5				
2	手工焊接流程	抽查口试，回答错、漏一处扣2分	5				
3	手工焊接五步法	抽查口试，回答错、漏一处扣2分	5				
4	手工焊接注意事项	抽查口试，回答错、漏一处扣2分	5				
5	领用并核对元器件	领用，核对元器件的数量、种类，不正确扣3分	10				
6	元器件排列、插装	元器件排列不整齐美观扣5分，插装不规范扣5分	15				
7	手工焊接操作	手工焊接技术合格，操作熟练。焊接操作不规范扣10分	20				
8	手工焊接后核对元器件	焊接后需仔细核对元器件，尤其是对多引脚元器件和有极性元器件的核对。引脚位置连线错误一个扣5分	20				
9	手工焊接后焊点	焊点要求光滑、均匀，焊点不规范的一个扣3分	15				
10	工时：160 min						
						合计：	
工作行为（20%）		工作质量（80%）				总得分	
指导教师签字：							
说明：1）工作行为部分主要由小组成员自评、互评和实训指导教师评价相结合，实行百分制。 2）工作质量部分主要由小组成员自评、互评和实训指导教师评价相结合，实行百分制							

❖ 同步练习

一、填空题

1. 手工焊接基本工艺流程是手工焊接前准备、_____、_____、_____、_____以及检验和修补。
2. 元器件的插装方式有_____、_____、_____、_____。
3. 电烙铁是焊接使用的主要工具之一。常用的电烙铁有_____、_____、_____和_____等类型。
4. 手工焊接中常使用的其他工具有尖嘴钳、_____、_____、_____、螺丝刀和小刀等。
5. 电烙铁握法，常见的有_____、_____、_____ 3 种握法；焊锡丝的拿法有_____和_____两种。
6. 手工焊接基本焊接方法有焊前准备、_____、_____、_____、_____五步操作。

二、思考题

1. 在初学焊接时经常会出现 10 种有缺陷的锡点，请列出来。影响焊点质量的因素有哪些？
2. 拆焊方法有哪几种，请列出来。
3. 元器件引线成型有哪些工艺要求？
4. 焊接中为什么要用助焊剂？

项目三　直流稳压电源的制作

任务 3-1　整流电路和滤波电路的制作

❖ 任务实施内容

一、学一学

单相桥式整流电路和滤波电路的基本组成元器件。

二、看一看

单相桥式整流电路和滤波电路的元器件实物连接图和原理图。

三、讲一讲

桥式整流电路和滤波电路的组成和工作原理。

四、做一做

工作任务实施如表 3-1 所示。

表 3-1　工作任务实施

项目序号		日期		教师	
任务名称		整流电路和滤波电路的制作		任务课时	3
工作地点及设备材料		电子线路焊接实训室，多媒体设备，电烙铁、尖嘴钳、剪刀、平嘴钳、铆钉板、导线、元器件若干和焊锡丝			
教学目标 （操作技能和相关知识）		1) 了解单相桥式整流电路、滤波电路的电路实物图和原理图。 2) 了解单相桥式整流电路、滤波电路的电路制作方法。 3) 能说明单相桥式整流电路、滤波电路的作用，提高识图能力			

❖ 任务实施步骤

一、准备知识

(1) 电路分析基本知识。

(2) 模拟电子技术基本知识。

二、训练内容

(1) 画出单相桥式整流电路和滤波电路原理图。

(2) 阐述单相桥式整流电路和滤波电路的原理。

三、材料及工具

电烙铁、尖嘴钳、剪刀、平嘴钳、铆钉板、导线、元器件若干和焊锡丝。

四、训练步骤

(1) 在焊接电路之前,必须按照元器件清单逐个对元器件进行测量,确保它们质量良好。

(2) 观察元器件在电路板上的整体布局。

(3) 根据电路板插孔的位置宽度,使元器件引脚成型。

(4) 确定元器件插装位置和极性后,就可按由左至右、自上而下的顺序,按照电路的装配图对元器件进行逐一插装焊接;元器件焊接完成后,检查无误,可进行导线连接。

(5) 电路的检查。整个电路焊接完毕后,还应再次对电路进行检查,确保元件没有错接、漏接、虚焊,电路没有开路、短路以及桥接等现象。

五、电路的调试与检测

用一台降压变压器把 220 V 交流电压变换为 24 V,接入电路的输入端。在输出端即负载电阻两侧,使用万用表测量输入电压值 u_2、输出电压值 u_o;将双踪示波器接入电路中,观察输入电压 u_2 和输出电压 u_o 的波形,并在表 3-2 中记录波形。

表 3-2 实训数据记录

电路类别	测量项目		
	测量值 u_2/V	测量值 u_o/V	输入电压 u_o 波形记录
单相桥式整流电路			
滤波电路			
调试电路中出现的故障及排除方法			

1) 单相桥式整流电路的输出电压理论计算公式:$u_o = 0.9u_2$,与测量值对比,计算出误差值。

2) 滤波电路的输出电压理论计算公式:$u_o = 1.2u_2$,与测量值对比,计算出误差值

六、学习笔记

_____

_____

_____

_____

_____

_____

❖ 任务评价

任务评价分为工作行为评价及工作质量评价,工作行为占比 20%,工作质量占比 80%。每项评分由自评、互评和教师评价 3 部分组成。其中,自评得分占比为 20%、互评得分占比为 20%,教师评价占比为 60%。

工作任务评价表如表 3-3 所示。

表 3-3 工作任务评价表

工作行为								
项目序号			日期		班级			
任务名称					姓名			
序号	项目	内容及标准		分值	自评得分（20%）	互评得分（20%）	教师评价（60%）	合计
1	安全文明操作	安全:人身安全		5				
		操作安全		5				
		仪器工具无损坏		5				
		岗位:不离岗、不串岗		5				
		保持岗位整洁性（工作台上工具仪器摆放规范,无灰尘,不摆放无关物品;工作台下地面清洁）		10				
		遵守工作场所制度		10				
		规程:按任务步骤工作,文明工作,文明检修		10				
		材料:工完料清,不浪费材料		10				

续表

序号	项目	内容及标准	分值	自评得分（20%）	互评得分（20%）	教师评价（60%）	合计
2	工作态度	积极、主动、认真完成工作任务	10				
		个人任务独立完成	10				
		小组项目团结协作共同完成	10				
3	工作记录	完整填写"做一做"中的工作任务实施表，缺扣5分，迟交扣3分	5				
		认真完成"做一做"中的学习笔记，缺扣5分，迟交扣3分	5				

合计：

工作质量

序号	考核项目	评分标准	配分	自评得分（20%）	互评得分（20%）	教师评价（60%）	得分
1	画出单相桥式整流电路图	画错一处扣5分	5				
2	画出滤波电路的原理图	画错一处扣5分	5				
3	说一说单相桥式整流电路工作原理	抽查口试，回答错、漏一处扣5分	5				
4	说一说滤波电路的工作原理	抽查口试，回答错、漏一处扣5分	5				
5	元器件检查	15 min内完成所有元器件的清点、检测及调换。规定时间以外更换元器件扣3分	10				
6	组装焊接	1）整形、安装或焊点不规范，一处扣1分。 2）焊接电路完成后需仔细核对元器件，尤其是对多引脚元器件和有极性元器件的核对，元器件极性放错一个扣2分。 3）少线、错线及布局不美观，一处扣1分	30				

续表

序号	考核项目	评分标准	配分	自评得分（20%）	互评得分（20%）	教师评价（60%）	得分
7	电路调试	1）将变压器接入电路中，连接错误扣 10 分。 2）使用万用表测量输入电压值 u_2、输出电压值 u_o，测量错误扣 10 分。 3）将双踪示波器接入电路，观察输入电压 u_2 和输出电压 u_o 的波形。波形调不出扣 10 分	30				
8	电路安装时间	提前正确完成，每 5 min 加 2 分。超过定额时间，每 5 min 扣 2 分	10				
9	工时：120 min						
						合计：	

工作行为（20%）	工作质量（80%）	总得分

指导教师签字：

说明：1）工作行为部分主要由小组成员自评、互评和实训指导教师评价相结合，实行百分制。
　　　2）工作质量部分主要由小组成员自评、互评和实训指导教师评价相结合，实行百分制

❖ 同步练习

一、填空题

1. 常见的整流电路类型有_____电路和_____电路。
2. 整流电路主要由_____、_____和_____构成。
3. 整流电路中的电源变压器的作用是将_____转换为_____再整流，以获所需的直流电压。
4. 桥式整流电路在负载上得到_____的直流电。
5. 完成整流这一任务主要靠二极管的_____作用。
6. 在分析整流电路时，通常把二极管当作理想元件处理，即认为它的正向导通电阻为_____，而反向电阻为_____。
7. 将脉动直流电中的交流成分滤除掉，这一过程称为_____。
8. 滤波电路通常由元器件_____和_____组成。

9. 采用电解电容滤波，若正负极性接反，则电容的_____会加大，会引起_____上升，使电容_____。

10. 在电容滤波和电感滤波中，_____滤波适用于电流较大的电源，_____滤波适用于输出电流较小的电源。

11. 电容滤波电路中，C 的容量越_____，R_L 的阻值越_____，滤波的效果越好。

12. 交流电经整流后，如不进行滤波，对电路产生的影响是_____。

二、思考题

1. 单相桥式整流电路的作用是什么？整流输出的电压与直流电有什么不同？
2. 滤波电路的作用是什么？常用的滤波电路有哪些形式？电容滤波电路的特点是什么？

任务3-2　稳压管并联型稳压电路的制作

❖ 任务实施内容

一、学一学

稳压管并联型稳压电路的基本组成。

二、看一看

稳压管并联型稳压电路的元器件实物连接图和原理图。

三、讲一讲

稳压管并联型稳压电路的组成和工作原理。

四、做一做

工作任务实施如表3-4所示。

表3-4　工作任务实施

项目序号		日期		教师	
任务名称		稳压管并联型稳压电路的制作		任务课时	3
工作地点及设备材料		电子线路焊接实训室，多媒体设备，电烙铁、尖嘴钳、剪刀、平嘴钳、铆钉板、导线、元器件若干和焊锡丝			
教学目标 （操作技能和相关知识）		1）了解稳压管并联型稳压电路实物图和原理图。 2）了解稳压管并联型稳压电路制作方法。 3）能说明稳压管并联型稳压电路的作用，提高识图能力			

❖ 任务实施步骤

一、准备知识

(1) 电路分析基本知识。

(2) 模拟电子技术基本知识。

二、训练内容

(1) 画出稳压管并联型稳压电路原理图。

(2) 阐述稳压管并联型稳压电路的原理。

三、材料及工具

电烙铁、尖嘴钳、剪刀、平嘴钳、铆钉板、导线、元器件若干和焊锡丝。

四、训练步骤

(1) 在焊接电路之前,必须按照元器件清单逐个对元器件进行测量,确保它们质量良好。

(2) 观察元器件在电路板上的整体布局。

(3) 根据电路板插孔的位置宽度,使元器件引脚成型。

(4) 确定元器件插装位置和极性后,就可按由左至右、自上而下的顺序,按照电路的装配图对元器件进行逐一插装焊接;元器件焊接完成后,检查无误,可进行导线连接。

(5) 电路的检查。整个电路焊接完毕后,还应再次对电路进行检查,确保元器件没有错接、漏接、虚焊,电路没有开路、短路以及桥接等现象。

五、电路的调试与检测

(1) 把调压变压器的一次侧接至 220 V 电网电压,A、B 两端分别接入二次侧降压后的工频低压 0~14 V,0~10 V,0~6 V,依次改变交流电压的大小,使用万用表直流电压挡位测量输出电压 u_o,观察输出电压 u_o 有何变化并记录在下面表格中。

(2) 使用双踪示波器观察波形并记录在表 3-5 所示的实训数据记录表格中。

表 3-5 实训数据记录

u_2	14 V	10 V	6 V
u_o			
u_o 波形记录			
调试电路中出现的故障及排除方法			

六、学习笔记

_____
_____
_____
_____
_____
_____
_____

❖ 任务评价

任务评价分为工作行为评价及工作质量评价，工作行为占比 20%，工作质量占比 80%。每项评分由自评、互评和教师评价 3 部分组成。其中，自评得分占比为 20%、互评得分占比为 20%，教师评价占比为 60%。

工作任务评价表如表 3-6 所示。

表 3-6 工作任务评价表

工作行为							
项目序号			日期		班级		
任务名称					姓名		
序号	项目	内容及标准	分值	自评得分(20%)	互评得分(20%)	教师评价(60%)	合计
1	安全文明操作	安全：人身安全	5				
		操作安全	5				
		仪器工具无损坏	5				
		岗位：不离岗、不串岗	5				
		保持岗位整洁性（工作台上工具仪器摆放规范，无灰尘，不摆放无关物品；工作台下地面清洁）	10				
		遵守工作场所制度	10				
		规程：按任务步骤工作，文明工作，文明检修	10				
		材料：工完料清，不浪费材料	10				

续表

序号	项目	内容及标准	分值	自评得分（20%）	互评得分（20%）	教师评价（60%）	合计
2	工作态度	积极、主动、认真完成工作任务	10				
		个人任务独立完成	10				
		小组项目团结协作共同完成	10				
3	工作记录	完整填写"做一做"中的工作任务实施表，缺扣5分，迟交扣3分	5				
		认真完成"做一做"中的学习笔记，缺扣5分，迟交扣3分	5				
						合计：	

工作质量

序号	考核项目	评分标准	配分	自评得分（20%）	互评得分（20%）	教师评价（60%）	得分
1	说一说稳压管的工作特性	抽查口试，回答错、漏一处扣2分	5				
2	说一说电阻 R 在电路中的作用	抽查口试，回答错、漏一处扣2分	5				
3	说一说稳压管并联型稳压电路原理	抽查口试，回答错、漏一处扣5分	5				
4	元器件检查	15 min 内完成所有元器件的清点、检测及调换。规定时间以外更换元器件扣3分	10				
5	组装焊接	1）整形，安装或焊点不规范，一处扣1分。2）焊接电路完成后需仔细核对元器件，尤其是对多引脚元器件和有极性元器件的核对，元器件极性放错一个扣2分。3）少线，错线及布局不美观，一处扣1分	30				

续表

序号	考核项目	评分标准	配分	自评得分（20%）	互评得分（20%）	教师评价（60%）	得分
6	电路调试	1）将调压器接入电路中，连接错误扣10分。 2）根据表3-5调整输入电压值u_2，使用万用表测量输出电压值u_o的变化情况，测量错误一个扣5分。 3）将双踪示波器接入电路，观察输出电压u_o的波形变化情况。波形调不出扣10分	30				
7	电路安装时间	提前正确完成，每5 min加2分。超过定额时间，每5 min扣2分	15				
8	工时：120 min						
						合计：	
	工作行为（20%）		工作质量（80%）			总得分	

指导教师签字：

说明：1）工作行为部分主要由小组成员自评、互评和实训指导教师评价相结合，实行百分制。
　　　2）工作质量部分主要由小组成员自评、互评和实训指导教师评价相结合，实行百分制

❖ 同步练习

一、填空题

1. 整流滤波后的直流电压仍然受_____和_____的影响，需要进行_____。
2. 稳压电路按电压调整元器件与负载连接方式的不同分为_____和_____两种类型。
3. 在稳压二极管组成的稳压电路中，稳压二极管必须与负载电阻_____连接。
4. 当输入电压降低时，并联型稳压电路的稳压过程：输入电压u_1降低→输出电压u_o_____→稳压管上的压降u_Z_____→稳压管电流I_Z_____→流过限流电阻R的电流I_R_____→电阻R上的压降_____→稳定输出电压u_o。
5. 稳压管二极管组成的并联型稳压电路具有的特点是结构简单，但输出电流_____，稳压特性_____，一般用于_____稳压电路中。

二、思考题

1. 直流稳压电路的作用是什么？
2. 画出稳压管稳压的电路原理图。
3. 稳压管稳压电路中的电阻 R 若不接，对电路有何影响？并分析原因。

*任务 3-3　三极管串联型稳压电路的制作

❖ 任务实施内容

一、学一学
三极管串联型稳压电路的基本组成元器件。

二、看一看
三极管串联型稳压电路的元器件实物连接图和原理图。

三、讲一讲
三极管串联型稳压电路的组成和工作原理。

四、做一做
工作任务实施如表 3-7 所示。

表 3-7　工作任务实施

项目序号		日期		教师	
任务名称	三极管串联型稳压电路的制作			任务课时	5
工作地点及设备材料	电子线路焊接实训室，多媒体设备，电烙铁、尖嘴钳、剪刀、平嘴钳、铆钉板、导线、元器件若干和焊锡丝				
教学目标 （操作技能和相关知识）	1）了解三极管串联型稳压电路实物图和原理图。 2）了解三极管串联型稳压电路制作方法。 3）能说明三极管串联型稳压电路的作用，提高识图能力				

❖ 任务实施步骤

一、准备知识
（1）电路分析基本知识。
（2）模拟电子技术基本知识。

二、训练内容

（1）画出三极管串联型稳压电路原理图。
（2）阐述三极管串联型稳压电路的原理。

三、材料及工具

电烙铁、尖嘴钳、剪刀、平嘴钳、铆钉板、导线、元器件若干和焊锡丝。

四、训练步骤

（1）在焊接电路之前，必须按照元器件清单逐个对元器件进行测量，确保它们质量良好。
（2）观察元器件在电路板上的整体布局。
（3）根据电路板插孔的位置宽度，使元器件引脚成型。
（4）确定元器件插装位置和极性后，就可按由左至右、自上而下的顺序，按照电路的装配图对元器件进行逐一插装焊接；元器件焊接完成后，检查无误，可进行导线连接。
（5）电路的检查。整个电路焊接完毕后，还应再次对电路进行检查，确保元器件没有错接、漏接、虚焊，电路没有开路、短路及桥接等现象。

五、电路的调试与检测

（1）把调压变压器的一次侧接至 220 V 电网电压，二次侧降压后为 24 V，接在桥式整流电路的交流输入端。
（2）把电位器 R_P 调至最大值，测量输出电压 U_o 值；再把 R_P 调至最小值，测量输出电压 U_o 值。通过上述两次测量得到的这两个电压之间的范围，即为输出电压 U_o 值的调整范围，记入表 3-8 中。
（3）调节调压变压器，使二次侧的电压 u_2 在下面 3-8 表格中列出的电压调整范围内变化。
（4）对应于调压变压器二次侧 u_2 的不同电压，分别测出相应的直流输入电压（电容两端电压）U_C、直流输出电压 U_o 以及调整管 VT_1 的电压 U_{CE1}，所测数据填入表 3-8 中。

表 3-8 实训数据记录

被测量	调节电位器 R_P，使用万用表测量输出电压 U_o 值的调整范围					
u_2	10 V	12 V	14 V	16 V	18 V	20 V
U_C						
U_o						
U_{CE1}						
调试电路中出现的故障及排除方法						

（5）分析表 3-8 中的测量数据，可得出以下结论。
1）当二次测电压 u_2 在 10~20 V 之间变化时，直流输出电压 U_o 是_____的，不随调压变压器二次侧电压_____的变化而变化。

2）直流输入电压 U_C 和调整管 VT_1 的电压 U_{CE1} 是随着调压变压器二次测电压 u_2 的_____。

3）调整管 VT_1 的电压 U_{CE1} 与输出电压 U_o 是_____连接方式，所以 U_C =_____。

六、学习笔记

_____

_____

_____

_____

_____

❖ 任务评价

任务评价分为工作行为评价及工作质量评价，工作行为占比 20%，工作质量占比 80%。每项评分由自评、互评和教师评价 3 部分组成。其中，自评得分占比为 20%、互评得分占比为 20%，教师评价占比为 60%。

工作任务评价表如表 3-9 所示。

表 3-9 工作任务评价表

工作行为							
项目序号			日期		班级		
任务名称					姓名		
序号	项目	内容及标准	分值	自评得分（20%）	互评得分（20%）	教师评价（60%）	合计
1	安全文明操作	安全：人身安全	5				
		操作安全	5				
		仪器工具无损坏	5				
		岗位：不离岗、不串岗	5				
		保持岗位整洁性（工作台上工具仪器摆放规范，无灰尘，不摆放无关物品；工作台下地面清洁）	10				
		遵守工作场所制度	10				
		规程：按任务步骤工作，文明工作，文明检修	10				
		材料：工完料清，不浪费材料	10				

续表

序号	项目	内容及标准	分值	自评得分（20%）	互评得分（20%）	教师评价（60%）	合计
2	工作态度	积极、主动、认真完成工作任务	10				
		个人任务独立完成	10				
		小组项目团结协作共同完成	10				
3	工作记录	完整填写"做一做"中的工作任务实施表，缺扣5分，迟交扣3分	5				
		认真完成"做一做"中的学习笔记，缺扣5分，迟交扣3分	5				
						合计：	

工作质量

序号	考核项目	评分标准	配分	自评得分（20%）	互评得分（20%）	教师评价（60%）	得分
1	说一说三极管串联型稳压电路主要由哪几部分组成	抽查口试，回答错、漏一处扣2分	5				
2	说一说三极管串联型稳压电路各主要组成部分的功能	抽查口试，回答错、漏一处扣2分	5				
3	说一说三极管串联型稳压电路原理	抽查口试，回答错、漏一处扣2分	5				
4	元器件检查	15 min 内完成所有元器件的清点、检测及调换。规定时间以外更换元器件扣3分	15				
5	组装焊接	1）整形、安装或焊点不规范，一处扣1分。 2）焊接电路完成后需仔细核对元器件，尤其是对多引脚元器件和有极性元器件的核对，元器件极性放错一个扣2分。 3）少线、错线及布局不美观，一处扣1分	30				

续表

序号	考核项目	评分标准	配分	自评得分（20%）	互评得分（20%）	教师评价（60%）	得分
6	电路调试	1）将调压变压器接入电路中，连接错误扣5分。 2）调节电位器 R_P，使用万用表测量输出电压 U_o 值的调整范围，测量错误扣5分。 3）根据表3-8调整输入电压值 u_2，使用万用表分别测量 U_C、U_o、U_{CE1} 3组电压值的变化情况，测量错误扣3分。 4）将双踪示波器接入电路，观察输出电压 U_o 的波形变化情况。波形调不出扣10分	30				
7	电路安装时间	提前正确完成，每5 min加2分。超过定额时间，每5 min扣2分	10				
8	工时：200 min						
						合计：	
	工作行为（20%）		工作质量（80%）			总得分	

指导教师签字：

说明：1）工作行为部分主要由小组成员自评、互评和实训指导教师评价相结合，实行百分制。
　　　2）工作质量部分主要由小组成员自评、互评和实训指导教师评价相结合，实行百分制

❖ 同步练习

思考题

1. 三极管串联型稳压电路主要由哪几部分组成？各部分的作用是什么？
2. 三极管串联型稳压电路的稳压原理是什么？

项目四　三极管放大电路的应用

任务 4-1　基本放大电路的制作

❖ 任务实施内容

一、学一学

三极管基本放大电路的基本组成元器件。

二、看一看

三极管基本放大电路的元器件实物连接图和原理图。

三、讲一讲

三极管基本放大电路中各元器件在电路中的作用。

四、做一做

工作任务实施如表 4-1 所示。

表 4-1　工作任务实施

项目序号		日期		教师	
任务名称		三极管基本放大电路的制作		任务课时	2
工作地点及设备材料		电子线路焊接实训室，多媒体设备，电烙铁、尖嘴钳、剪刀、平嘴钳、铆钉板、导线、元器件若干和焊锡丝			
教学目标 （操作技能和相关知识）		1) 了解三极管基本放大电路实物图和原理图。 2) 了解三极管基本放大电路制作方法。 3) 能说明三极管基本放大电路的作用，提高识图能力			

❖ 任务实施步骤

一、准备知识

（1）电路分析基本知识。

（2）模拟电子技术基本知识。

二、训练内容

（1）画出三极管基本放大电路原理图。
（2）说明三极管基本放大电路中各元器件的作用。

三、材料及工具

电烙铁、尖嘴钳、剪刀、平嘴钳、铆钉板、导线、元器件若干和焊锡丝。

四、训练步骤

（1）在焊接电路之前，必须按照元器件清单逐个对元器件进行测量，确保它们质量良好。
（2）观察元器件在电路板上的整体布局。
（3）根据电路板插孔的位置宽度，使元器件引脚成型。
（4）确定元器件插装位置和极性后，就可按由左至右、自上而下的顺序，按照电路的装配图对元器件逐一进行插装焊接。元器件焊接完成后，检查无误，可进行导线连接。
（5）电路的检查。整个电路焊接完毕后，还应再次对电路进行检查，确保元器件没有错接、漏接、虚焊，电路没有开路、短路以及桥接等现象。

五、电路的调试与检测

（1）在直流电压正极输入端+V_{CC}与地之间，连接一台直流稳压电源，加上 12 V 的直流电压。
（2）在电路的输入端接入低频信号发生器，产生一个 10 mV、1 kHz 的信号，从放大电路的输入端 u_i 两端输入。
（3）首先在输入端 u_i 两端接上双踪示波器 CH1 通道，观察输入波形，然后把双踪示波器 CH2 通道接至输出端 u_o 两端，观察输出波形。对比两次看到的波形，可以得出结论：输入电压被放大电路明显的放大了。输出电压值等于三极管放大倍数乘以输入电压值，即 $u_o = \beta u_i$，得出结论并记入表 4-2 中。
（4）观察静态工作点对输出波形失真的影响。

1）逆时针调节电位器 R_P，观察示波器上输出波形的变化，当波形失真时，观察波形的削顶情况。

2）顺时针调节电位器 R_P，观察示波器上输出波形的变化，当波形失真时，观察波形的削底情况。

3）增大交流输入电压 u_i，观察示波器上输出波形的变化，当波形失真时，观察波形的顶部和底部情况。

4）将以上观察的波形情况记入表 4-2 中。

表 4-2　静态工作点对输出波形失真变化影响

选取工作点位置	输入波形记录	输出波形记录	输出波形状态描述
当静态工作点合适时（电位器 R_p 合适）			
当静态工作点过低时（电位器 R_p 增大）			
当静态工作点过高时（电位器 R_p 减小）			
当纯交流输入过大时（输入电压 u_i 增大）			
调试电路中出现的故障及排除方法			

六、学习笔记

❖ 任务评价

任务评价分为工作行为评价及工作质量评价，工作行为占比 20%，工作质量占比 80%。每项评分由自评、互评和教师评价 3 部分组成。其中，自评得分占比为 20%、互评得分占比为 20%，教师评价占比为 60%。

工作任务评价表如表 4-3 所示。

表 4-3 工作任务评价表

工作行为							
项目序号		日期		班级			
任务名称				姓名			
序号	项目	内容及标准	分值	自评得分（20%）	互评得分（20%）	教师评价（60%）	合计
1	安全文明操作	安全：人身安全	5				
		操作安全	5				
		仪器工具无损坏	5				
		岗位：不离岗、不串岗	5				
		保持岗位整洁性（工作台上工具仪器摆放规范，无灰尘，不摆放无关物品；工作台下地面清洁）	10				
		遵守工作场所制度	10				
		规程：按任务步骤工作，文明工作，文明检修	10				
		材料：工完料清，不浪费材料	10				
2	工作态度	积极、主动、认真完成工作任务	10				
		个人任务独立完成	10				
		小组项目团结协作共同完成	10				
3	工作记录	完整填写"做一做"中的工作任务实施表，缺扣5分，迟交扣3分	5				
		认真完成"做一做"中的学习笔记，缺扣5分，迟交扣3分	5				
						合计：	
工作质量							
序号	考核项目	评分标准	配分	自评得分（20%）	互评得分（20%）	教师评价（60%）	得分
1	说一说三极管基本放大电路由哪些元器件组成	抽查口试，回答错、漏一处扣1分	5				

续表

序号	考核项目	评分标准	配分	自评得分（20%）	互评得分（20%）	教师评价（60%）	得分
2	说一说三极管基本放大电路各元器件在电路中的作用	抽查口试，回答错、漏一处扣3分	5				
3	说一说三极管基本放大电路的工作原理	抽查口试，回答错、漏一处扣3分	5				
4	说一说基本放大电路出现失真时的3种状态	抽查口试，回答错、漏一处扣3分	5				
5	元器件检查	15 min内完成所有元器件的清点、检测及调换。规定时间以外更换元器件扣3分	10				
6	组装焊接	1）整形、安装或焊点不规范，一处扣1分。 2）焊接电路完成后需仔细核对元器件，尤其是对多引脚元器件和有极性元器件的核对，元器件极性放错一个扣2分。 3）少线、错线及布局不美观，一处扣1分	30				
7	电路调试	1）电源接入错误扣10分。 2）将双踪示波器分别接入放大电路的输入端和输出端，调节电位器R_P，观察输出电压u_o的波形变化情况，波形调不出扣10分。 3）增大交流输入电压u_i，观察输出电压u_o的波形变化情况，波形调不出扣10分	30				
8	电路安装时间	提前正确完成，每5 min加2分。超过定额时间，每5 min扣2分	10				
9	工时：200 min						
						合计：	

续表

工作行为（20%）	工作质量（80%）	总得分

指导教师签字：

说明：1) 工作行为部分主要由小组成员自评、互评和实训指导教师评价相结合，实行百分制。
    2) 工作质量部分主要由小组成员自评、互评和实训指导教师评价相结合，实行百分制

❖ 同步练习

一、填空题

1. 放大电路的功能是_____。

2. 放大电路的静态工作点设置不当，会引起_____的工作状态。

3. 放大器的静态是指_____的工作状态。

4. 在图 4-1 所示的共发射极基本放大电路中，$+V_{CC}$ 是放大电路的直流电源，其功能主要有两方面：（1）_____；（2）_____。

5. 在图 4-1 的电路中，$+V_{CC}$ 起_____作用；R_b 称_____电阻，用于调节放大电路的_____大小；R_c 称_____电阻，作用是将晶体管集电极电流的变化量转换为_____，从而实现电压放大；C_1、C_2 称为_____，起_____的作用。

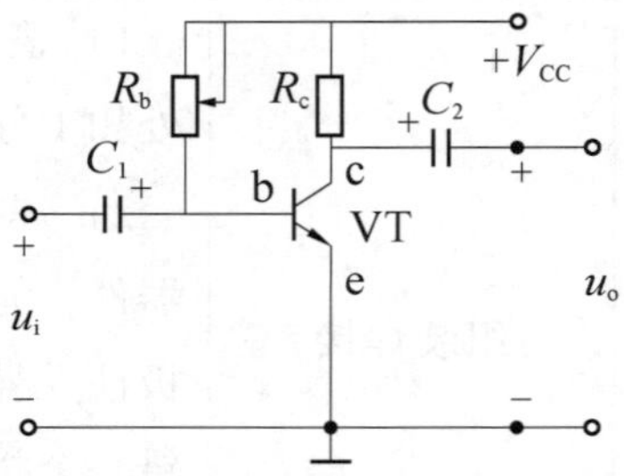

6. 实际应用中，通常是通过调整_____电阻，达到调整放大电路静态工作点的目的。

图 4-1 共发射极基本放大电路

7. 放大电路的三极管发射极如果作为输入和输出的公共端，就构成共_____放大电路。

8. 若放大器偏置电阻 R_b 取值偏小，基极电流 I_{BQ} 就_____，输出电压 u_o 波形的_____半周会被削去一部分，称之为_____失真。

9. 若放大器偏置电阻 R_b 取值偏大，基极电流 I_{BQ} 就_____，输出电压 u_o 波形的_____半周会被削去一部分，称之为_____失真。

二、思考题

1. 说明下列电压和电流符号的含义：I_B、i_B、i_b、U_{BE}、u_{BE}、u_{be}。

2. 什么是放大器的静态工作点？为什么要设置静态工作点？

3. 请对基本放大电路输出波形的 3 种失真类型和特点进行描述。

任务 4-2　花盆缺水报警器的制作

❖ 任务实施内容

一、学一学

花盆缺水报警器电路的基本组成。

二、看一看

花盆缺水报警器电路的元器件实物连接图和原理图。

三、讲一讲

花盆缺报警器的组成图和电路的作用。

四、做一做

工作任务实施如表4-4所示。

表4-4　工作任务实施

项目序号		日期		教师	
任务名称		花盆缺水报警器的制作		任务课时	3
工作地点及设备材料		电子线路焊接实训室，多媒体设备，电烙铁、尖嘴钳、剪刀、平嘴钳、铆钉板、导线、元器件若干和焊锡丝			
教学目标 （操作技能和相关知识）		1）了解花盆缺水报警器电路的元器件实物图和原理图。 2）了解花盆缺水报警器制作方法。 3）能说明花盆缺水报警器电路的作用，提高识图能力			

❖ 任务实施步骤

一、准备知识

（1）电路分析基本知识。

（2）模拟电子技术基本知识。

二、训练内容

（1）画出花盆缺水报警器电路原理图。

（2）说明花盆缺水报警器电路的作用。

三、材料及工具

电烙铁、尖嘴钳、剪刀、平嘴钳、铆钉板、导线、元器件若干和焊锡丝。

四、训练步骤

（1）在焊接电路之前，必须按照元器件清单逐个对元器件进行测量，确保它们质量良好。

（2）观察元器件在电路板上的整体布局。

（3）根据电路板插孔的位置宽度，使元器件引脚成型。

（4）确定元器件插装位置和极性后，就可按由左至右、自上而下的顺序，按照电路的装配图对元器件进行逐一插装焊接；元器件焊接完成后，检查无误，可进行导线连接。

（5）电路的检查。整个电路焊接完毕后，还应再次对电路进行检查，确保元器件没有错接、漏接、虚焊，电路没有开路、短路及桥接等现象。

五、电路的调试与检测

检测结果记入表 4-5 中。

表 4-5　实训数据记录

探针状态	发光二极管 LED 的现象	蜂鸣器的现象
当探针检测到花盆土壤湿度较大时		
当探针检测到花盆土壤湿度较小时		
调试电路中出现的故障及排除方法		

六、学习笔记

_____
_____
_____
_____
_____
_____
_____
_____

❖ 任务评价

任务评价分为工作行为评价及工作质量评价，工作行为占比 20%，工作质量占比 80%。每项评分由自评、互评和教师评价 3 部分组成。其中，自评得分占比为 20%、互评得分占比为 20%，教师评价占比为 60%。

工作任务评价表如表4-6所示。

表4-6 工作任务评价表

		工作行为					
项目序号			日期		班级		
任务名称					姓名		
序号	项目	内容及标准	分值	自评得分（20%）	互评得分（20%）	教师评价（60%）	合计
1	安全文明操作	安全：人身安全	5				
		操作安全	5				
		仪器工具无损坏	5				
		岗位：不离岗、不串岗	5				
		保持岗位整洁性（工作台上工具仪器摆放规范，无灰尘，不摆放无关物品；工作台下地面清洁）	10				
		遵守工作场所制度	10				
		规程：按任务步骤工作，文明工作，文明检修	10				
		材料：工完料清，不浪费材料	10				
2	工作态度	积极、主动、认真完成工作任务	10				
		个人任务独立完成	10				
		小组项目团结协作共同完成	10				
3	工作记录	完整填写"做一做"中的工作任务实施表，缺扣5分，迟交扣3分	5				
		认真完成"做一做"中的学习笔记，缺扣5分，迟交扣3分	5				
						合计：	
		工作质量					
序号	考核项目	评分标准	配分	自评得分（20%）	互评得分（20%）	教师评价（60%）	得分
1	说一说对蜂鸣器的认知	抽查口试，回答错、漏一处扣3分	5				

续表

序号	考核项目	评分标准	配分	自评得分（20%）	互评得分（20%）	教师评价（60%）	得分
2	说一说花盆缺水报警器电路的原理	抽查口试，回答错、漏一处扣3分	5				
3	元器件检查	15 min内完成所有元器件的清点、检测及调换。规定时间以外更换元器件扣3分	15				
4	组装焊接	1）整形、安装或焊点不规范，一处扣1分。 2）焊接电路完成后需仔细核对元器件，尤其是对多引脚元器件和有极性元器件的核对，元器件极性放错一个扣2分。 3）少线、错线及布局不美观，一处扣1分	30				
5	电路调试	1）电源接入错误扣10分。 2）当探针检测到花盆土壤湿度较小时，蜂鸣器不发声扣10分，发光二极管不亮扣10分	30				
6	电路安装时间	提前正确完成，每5 min加2分。超过定额时间，每5 min扣2分	15				
7	工时：120 min						
						合计：	
	工作行为（20%）		工作质量（80%）			总得分	

指导教师签字：

说明：1）工作行为部分主要由小组成员自评、互评和实训指导教师评价相结合，实行百分制。
2）工作质量部分主要由小组成员自评、互评和实训指导教师评价相结合，实行百分制

❖ 同步练习

一、填空题

1. 花盆缺水报警器电路由探针、_____、_____、_____和_____等

构成。

2. 当花盆缺水报警器的探针接触到的土壤湿度较大时，土壤的电阻率_____，探针两点之间的电阻_____，三极管 VT_1 导通，三极管 VT_2 截止，发光二极管 LED _____，蜂鸣器 HA _____。

3. 当花盆缺水报警器的探针检测到土壤湿度较小时，土壤的电阻率会_____，探针两点之间的电阻_____，这时三极管 VT_1 基极_____，三极管 VT_2 _____，发光二极管 LED 被点亮，蜂鸣器 HA 工作发出鸣响。

二、思考题

1. 花盆缺水报警器电路由哪些基本元器件组成？
2. 描述花盆缺水报警器电路的工作原理。

任务 4-3　高灵敏光控 LED 灯的制作

❖ 任务实施内容

一、学一学

高灵敏光控 LED 灯电路的基本组成。

二、看一看

高灵敏光控 LED 灯电路的元件实物连接图和原理图。

三、讲一讲

高灵敏光控 LED 灯的组成图和电路的作用。

四、做一做

工作任务实施如表 4-7 所示。

表 4-7　工作任务实施

项目序号		日期		教师	
任务名称		高灵敏光控 LED 灯的制作		任务课时	3
工作地点及设备材料		电子线路焊接实训室，多媒体设备，电烙铁、尖嘴钳、剪刀、平嘴钳、铆钉板、导线、元器件若干和焊锡丝			
教学目标 （操作技能和相关知识）		1）了解高灵敏光控 LED 灯电路实物图和原理图。 2）了解高灵敏光控 LED 灯的制作方法。 3）能说明高灵敏光控 LED 灯电路的作用，提高识图能力			

❖ 任务实施步骤

一、准备知识

(1) 电路分析基本知识。

(2) 模拟电子技术基本知识。

二、训练内容

(1) 画出高灵敏光控 LED 灯电路原理图。

(2) 说明高灵敏光控 LED 灯电路的作用。

三、材料及工具

电烙铁、尖嘴钳、剪刀、平嘴钳、铆钉板、导线、元器件若干和焊锡丝。

四、训练步骤

(1) 在焊接电路之前,必须按照元器件清单逐个对元器件进行测量,确保它们质量良好。

(2) 观察元器件在电路板上的整体布局。

(3) 根据电路板插孔的位置宽度,使元器件引脚成型。

(4) 确定元器件插装位置和极性后,就可按由左至右、自上而下的顺序,按照电路的装配图对元器件进行逐一插装焊接;元器件焊接完成后,检查无误,可进行导线连接。

(5) 电路的检查。整个电路焊接完毕后,还应再次对电路进行检查,确保元器件没有错接、漏接、虚焊,电路没有开路、短路及桥接等现象。

五、电路的调试与检测

测试结果记入表 4-8 中。

表 4-8 实训数据记录

光敏电阻的状态	发光二极管 LED 的现象
当用手指将光敏电阻的透光窗遮住时	
当将一光源对准光敏电阻的透光窗口时	
调试电路中出现的故障及排除方法	

六、学习笔记

❖ 任务评价

任务评价分为工作行为评价及工作质量评价，工作行为占比 20%，工作质量占比 80%。每项评分由自评、互评和教师评价 3 部分组成。其中，自评得分占比为 20%、互评得分占比为 20%，教师评价占比为 60%。

工作任务评价表如表 4-9 所示。

表 4-9　工作任务评价表

工作行为							
项目序号			日期		班级		
任务名称					姓名		
序号	项目	内容及标准	分值	自评得分（20%）	互评得分（20%）	教师评价（60%）	合计
1	安全文明操作	安全：人身安全	5				
		操作安全	5				
		仪器工具无损坏	5				
		岗位：不离岗、不串岗	5				
		保持岗位整洁性（工作台上工具仪器摆放规范，无灰尘，不摆放无关物品；工作台下地面清洁）	10				
		遵守工作场所制度	10				
		规程：按任务步骤工作，文明工作，文明检修	10				
		材料：工完料清，不浪费材料	10				

续表

序号	项目	内容及标准	分值	自评得分（20%）	互评得分（20%）	教师评价（60%）	合计
2	工作态度	积极、主动、认真完成工作任务	10				
		个人任务独立完成	10				
		小组项目团结协作共同完成	10				
3	工作记录	完整填写"做一做"中的工作任务实施表，缺扣5分，迟交扣3分	5				
		认真完成"做一做"中的学习笔记，缺扣5分，迟交扣3分	5				
						合计：	

工作质量

序号	考核项目	评分标准	配分	自评得分（20%）	互评得分（20%）	教师评价（60%）	得分
1	说一说对光敏电阻的认识	抽查口试，回答错、漏一处扣3分	5				
2	说一说高灵敏光控 LED 灯的电路原理	抽查测试，检测错、漏一处扣3分	5				
3	元器件检查	15 min 内完成所有元器件的清点、检测及调换。规定时间以外更换元器件扣3分	15				
4	组装焊接	1）整形、安装或焊点不规范，一处扣1分。 2）焊接电路完成后需仔细核对元器件，尤其是对多引脚元器件和有极性元器件的核对，元器件极性放错一个扣2分。 3）少线、错线及布局不美观，一处扣1分	30				
5	电路调试	1）电源接入错误扣10分。 2）用手指将光敏电阻的透光窗遮住，LED 灯不亮扣20分	30				

续表

序号	考核项目	评分标准	配分	自评得分（20%）	互评得分（20%）	教师评价（60%）	得分
6	电路安装时间	提前正确完成，每 5 min 加 2 分。超过定额时间，每 5 min 扣 2 分。	15				
7	工时：120 min						
						合计：	

工作行为（20%）	工作质量（80%）	总得分

指导教师签字：

说明：1）工作行为部分主要由小组成员自评、互评和实训指导教师评价相结合，实行百分制。
　　　2）工作质量部分主要由小组成员自评、互评和实训指导教师评价相结合，实行百分制

❖ 同步练习

一、填空题

1. 光敏电阻属于_____，具备_____、_____等特点。

2. 光敏电阻在高温、多湿的恶劣环境下，能保持高度的_____和_____，广泛应用于光声控开关、_____以及各种_____、_____等光自动开关控制领域。

3. 光敏电阻是通过_____来改变自身电阻值的传感器。光敏电阻不仅能感知有光和无光，还能把光线的强弱变成不同的电阻值。当光线强时，电阻值_____；当光线弱时，电阻值_____。

二、思考题

1. 高灵敏光控 LED 灯电路由哪些基本元器件组成？
2. 描述高灵敏光控 LED 灯电路的工作原理。

任务 4-4　声控 LED 闪灯的制作

❖ 任务实施内容

一、学一学

声控 LED 闪灯电路的基本组成元器件。

二、看一看

声控 LED 闪灯电路的元器件实物连接图和原理图。

三、讲一讲

声控 LED 闪灯的组成图和电路的作用。

四、做一做

工作任务实施如表 4-10 所示。

表 4-10 工作任务实施

项目序号		日期		教师	
任务名称		声控 LED 闪灯的制作		任务课时	3
工作地点及设备材料		电子线路焊接实训室，多媒体设备，电烙铁、尖嘴钳、剪刀、平嘴钳、铆钉板、导线、元器件若干和焊锡丝			
教学目标（操作技能和相关知识）		1）了解声控 LED 闪灯电路的实物图和原理图。 2）了解声控 LED 闪灯的制作方法。 3）能说明声控 LED 闪灯电路的作用，提高识图能力			

❖ 任务实施步骤

一、准备知识

（1）电路分析基本知识。

（2）模拟电子技术基本知识。

二、训练内容

（1）画出声控 LED 闪灯电路原理图。

（2）说明声控 LED 闪灯电路的作用。

三、材料及工具

电烙铁、尖嘴钳、剪刀、平嘴钳、铆钉板、导线、元器件若干和焊锡丝。

四、训练步骤

（1）在焊接电路之前，必须按照元器件清单逐个对元器件进行测量，确保它们质量良好。

（2）观察元器件在电路板上的整体布局。

（3）根据电路板插孔的位置宽度，使元器件引脚成型。

（4）确定元器件插装位置和极性后，就可按由左至右、自上而下的顺序，按照电路的装配图对元器件逐一进行插装焊接；元器件焊接完成后，检查无误，可进行导线连接。

（5）电路的检查。整个电路焊接完毕后，还应再次对电路进行检查，确保元器件没有错接、漏接、虚焊，电路没有开路、短路以及桥接等现象。

五、电路的调试与检测

测试结果记入表 4-11 中。

表 4-11 实训数据记录

传声器状态	发光二极管 LED 的现象
当无声音信号时	
当有声音信号时	

六、学习笔记

_____
_____
_____
_____
_____
_____
_____

❖ **任务评价**

任务评价分为工作行为评价及工作质量评价，工作行为占比 20%，工作质量占比 80%。每项评分由自评、互评和教师评价 3 部分组成。其中，自评得分占比为 20%、互评得分占比为 20%，教师评价占比为 60%。

工作任务评价表如表 4-12 所示。

表 4-12 工作任务评价表

工作行为							
项目序号			日期		班级		
任务名称					姓名		
序号	项目	内容及标准	分值	自评得分（20%）	互评得分（20%）	教师评价（60%）	合计
1	安全文明操作	安全：人身安全	5				
		操作安全	5				
		仪器工具无损坏	5				
		岗位：不离岗、不串岗	5				
		保持岗位整洁性（工作台上工具仪器摆放规范，无灰尘，不摆放无关物品；工作台下地面清洁）	10				
		遵守工作场所制度	10				
		规程：按任务步骤工作，文明工作，文明检修	10				
		材料：工完料清，不浪费材料	10				
2	工作态度	积极、主动、认真完成工作任务	10				
		个人任务独立完成	10				
		小组项目团结协作共同完成	10				
3	工作记录	完整填写"做一做"中的工作任务实施表，缺扣5分，迟交扣3分	5				
		认真完成"做一做"中的学习笔记，缺扣5分，迟交扣3分	5				
						合计：	
工作质量							
序号	考核项目	评分标准	配分	自评得分（20%）	互评得分（20%）	教师评价（60%）	得分
1	说一说对传声器的认识	抽查口试，回答错、漏一处扣3分	5				
2	说一说声控LED闪灯的电路原理	抽查口试，回答错、漏一处扣3分	5				

续表

序号	考核项目	评分标准	配分	自评得分（20%）	互评得分（20%）	教师评价（60%）	得分
3	元器件检查	15 min 内完成所有元器件的清点、检测及调换。规定时间以外更换元器件扣3分	15				
4	组装焊接	1）整形、安装或焊点不规范，一处扣1分。 2）焊接电路完成后需仔细核对元器件，尤其是对多引脚元器件和有极性元器件的核对，元器件极性放错一个扣2分。 3）少线、错线及布局不美观，一处扣1分	30				
5	电路调试	1）电源接入错误扣10分。 2）声音从传声器传入时，LED灯不亮扣10分。 3）没有声音传入传声器时，LED灯被点亮扣10分	30				
6	电路安装时间	提前正确完成，每5 min加2分。超过定额时间，每5 min扣2分	15				
7	工时：120 min						
						合计：	
	工作行为（20%）		工作质量（80%）			总得分	

指导教师签字：

说明：1）工作行为部分主要由小组成员自评、互评和实训指导教师评价相结合，实行百分制。

2）工作质量部分主要由小组成员自评、互评和实训指导教师评价相结合，实行百分制

❖ 同步练习

一、填空题

1. 传声器能接收环境中的声音，把声波变成波动的_____。

2. 传声器有两个引脚，有正、负极之分；仔细观察它的外观，背面其中一个引脚有几条

铜箔线与_____的是负极。

3. 声控电路中电容 C 的作用是滤掉电阻 R_1 施加在传声器上的_____，留下传声器产生的_____。

4. 声控电路中三极管 VT_1 和 VT_2 就是用于_____的器件。若想把传声器的微弱信号变成足以驱动 LED 的强大信号，就要加入_____电路，放大电路的功能就是把_____转换成_____，将_____变成_____。

二、思考题

1. 声控 LED 闪灯电路由哪些基本元器件组成？列出声控电路中各元器件的作用。
2. 请描述声控 LED 闪灯电路的工作原理。

任务 4-5　触摸声光电子门铃的制作

❖ 任务实施内容

一、学一学

触摸声光电子门铃电路的基本组成。

二、看一看

触摸声光电子门铃电路的元器件实物连接图和原理图。

三、讲一讲

触摸声光电子门铃的组成图和电路的作用。

四、做一做

工作任务实施如表 4-13 所示。

表 4-13　工作任务实施

项目序号		日期		教师	
任务名称		触摸声光电子门铃的制作		任务课时	3
工作地点及设备材料		电子线路焊接实训室，多媒体设备，电烙铁、尖嘴钳、剪刀、平嘴钳、铆钉板、导线、元器件若干和焊锡丝			
教学目标 （操作技能和相关知识）		1) 了解触摸声光电子门铃电路实物图和原理图。 2) 了解触摸声光电子门铃制作方法。 3) 能说明触摸声光电子门铃电路的作用，提高识图能力			

❖ 任务实施步骤

一、准备知识

（1）电路分析基本知识。

（2）模拟电子技术基本知识。

二、训练内容

（1）画出触摸声光电子门铃电路原理图。

（2）说明触摸声光电子门铃电路的作用。

三、材料及工具

电烙铁、尖嘴钳、剪刀、平嘴钳、铆钉板、导线、元器件若干和焊锡丝。

四、训练步骤

（1）在焊接电路之前，必须按照元器件清单逐个对元器件进行测量，确保它们质量良好。

（2）观察元器件在电路板上的整体布局。

（3）根据电路板插孔的位置宽度，使元器件引脚成型。

（4）确定元器件插装位置和极性后，就可按由左至右、自上而下的顺序，按照电路的装配图对元器件逐一进行插装焊接；元器件焊接完成后，检查无误，可进行导线连接。

（5）电路的检查。整个电路焊接完毕后，还应再次对电路进行检查，确保元器件没有错接、漏接、虚焊，电路没有开路、短路以及桥接等现象。

五、电路的调试与检测

测试结果记入表 4-14 中。

表 4-14 实训数据记录

触摸片状态	发光二极管 LED 的现象	扬声器 BL 的现象
当手没有触摸时		
当手触摸时		
调试电路中出现的故障及排除方法		

六、学习笔记

_____
_____
_____
_____

❖ 任务评价

任务评价分为工作行为评价及工作质量评价,工作行为占比 20%,工作质量占比 80%。每项评分由自评、互评和教师评价 3 部分组成。其中,自评得分占比为 20%、互评得分占比为 20%,教师评价占比为 60%。

工作任务评价表如表 4-15 所示。

表 4-15 工作任务评价表

工作行为								
项目序号			日期		班级			
任务名称					姓名			
序号	项目	内容及标准	分值	自评得分(20%)	互评得分(20%)	教师评价(60%)	合计	
1	安全文明操作	安全:人身安全	5					
		操作安全	5					
		仪器工具无损坏	5					
		岗位:不离岗、不串岗	5					
		保持岗位整洁性(工作台上工具仪器摆放规范,无灰尘,不摆放无关物品;工作台下地面清洁)	10					
		遵守工作场所制度	10					
		规程:按任务步骤工作,文明工作,文明检修	10					
		材料:工完料清,不浪费材料	10					
2	工作态度	积极、主动、认真完成工作任务	10					
		个人任务独立完成	10					
		小组项目团结协作共同完成	10					

续表

序号	项目	内容及标准	分值	自评得分（20%）	互评得分（20%）	教师评价（60%）	合计
3	工作记录	完整填写"做一做"中的工作任务实施表，缺扣5分，迟交扣3分	5				
		认真完成"做一做"中的学习笔记，缺扣5分，迟交扣3分	5				
						合计：	

工作质量

序号	考核项目	评分标准	配分	自评得分（20%）	互评得分（20%）	教师评价（60%）	得分
1	说一说对扬声器的认识	抽查口试，回答错、漏一处扣3分	5				
2	说一说触摸声光电子门铃的电路原理	抽查口试，回答错、漏一处扣3分	5				
3	元器件检查	15 min 内完成所有元器件的清点、检测及调换。规定时间以外更换元器件扣3分	15				
4	组装焊接	1）整形、安装或焊点不规范，一处扣1分。 2）焊接电路完成后需仔细核对元器件，尤其是对多引脚元器件和有极性元器件的核对，元器件极性放错一个扣2分。 3）少线、错线及布局不美观，一处扣1分	30				
5	电路调试	1）电源接入错误扣10分。 2）手触摸时 LED 灯不亮，扬声器不发声扣10分。 3）手没有触摸时 LED 灯被点亮或扬声器发声扣10分	30				
6	电路安装时间	提前正确完成，每5 min 加2分。超过定额时间，每5 min 扣2分	15				
7	工时：200 min						
						合计：	

续表

工作行为（20%）	工作质量（80%）	总得分

指导教师签字：

说明：1）工作行为部分主要由小组成员自评、互评和实训指导教师评价相结合，实行百分制。

　　　2）工作质量部分主要由小组成员自评、互评和实训指导教师评价相结合，实行百分制。

❖ 同步练习

一、填空题

1. 触摸声光电子门铃电路中由_____和_____组成一个正反馈网络。
2. 触摸声光电子门铃电路中由_____和_____构成互补型自激多谐音频振荡器。

二、思考题

1. 触摸声光电子门铃电路由哪些基本元器件组成？
2. 描述触摸声光电子门铃电路的工作原理。

*任务 4-6　触摸开关 LED 灯的制作

❖ 任务实施内容

一、学一学

触摸开关 LED 灯电路的基本组成。

二、看一看

触摸开关 LED 灯电路的元器件实物连接图和原理图。

三、讲一讲

触摸开关 LED 灯的组成图和电路的作用。

四、做一做

工作任务实施如表 4-16 所示。

表 4-16　工作任务实施

项目序号		日期		教师	
任务名称	触摸开关 LED 灯的制作			任务课时	3
工作地点及设备材料	电子线路焊接实训室，多媒体设备，电烙铁、尖嘴钳、剪刀、平嘴钳、铆钉板、导线、元器件若干和焊锡丝				

	1）了解触摸开关 LED 灯电路实物图和原理图。
教学目标 （操作技能和相关知识）	2）了解触摸开关 LED 灯制作方法。
	3）能说明触摸开关 LED 灯电路的作用，提高识图能力

❖ 任务实施步骤

一、准备知识

（1）电路分析基本知识。

（2）模拟电子技术基本知识。

二、训练内容

（1）画出触摸开关 LED 灯电路原理图。

（2）说明触摸开关 LED 灯电路的作用。

三、材料及工具

电烙铁、尖嘴钳、剪刀、平嘴钳、铆钉板、导线、元器件若干和焊锡丝。

四、训练步骤

（1）在焊接电路之前，必须按照元器件清单逐个对元器件进行测量，确保它们质量良好。

（2）观察元器件在电路板上的整体布局。

（3）根据电路板插孔的位置宽度，使元器件引脚成型。

（4）确定元器件插装位置和极性后，就可按由左至右、自上而下的顺序，按照电路的装配图对元器件逐一进行插装焊接；元器件焊接完成后，检查无误，可进行导线连接。

（5）电路的检查。整个电路焊接完毕后，还应再次对电路进行检查，确保元器件没有错接、漏接、虚焊，电路没有开路、短路以及桥接等现象。

五、电路的调试与检测

检测结果记入表 4-17 中。

表 4-17 实训数据记录

触摸片状态	发光二极管 LED 的现象
当手触摸到开关（开）时	
当手触摸到开关（关）时	
调试电路中出现的故障及排除方法	

六、学习笔记

_____
_____
_____
_____
_____
_____
_____

❖ 任务评价

任务评价分为工作行为评价及工作质量评价，工作行为占比 20%，工作质量占比 80%。每项评分由自评、互评和教师评价 3 部分组成。其中，自评得分占比为 20%、互评得分占比为 20%，教师评价占比为 60%。

工作任务评价表如表 4-18 所示。

表 4-18 工作任务评价表

工作行为								
项目序号			日期		班级			
任务名称					姓名			
序号	项目	内容及标准	分值	自评得分（20%）	互评得分（20%）	教师评价（60%）	合计	
1	安全文明操作	安全：人身安全	5					
		操作安全	5					
		仪器工具无损坏	5					
		岗位：不离岗、不串岗	5					
		保持岗位整洁性（工作台上工具仪器摆放规范，无灰尘，不摆放无关物品；工作台下地面清洁）	10					
		遵守工作场所制度	10					
		规程：按任务步骤工作，文明工作，文明检修	10					
		材料：工完料清，不浪费材料	10					

续表

序号	项目	内容及标准	分值	自评得分（20%）	互评得分（20%）	教师评价（60%）	合计
2	工作态度	积极、主动、认真完成工作任务	10				
		个人任务独立完成	10				
		小组项目团结协作共同完成	10				
3	工作记录	完整填写"做一做"中的工作任务实施表，缺扣5分，迟交扣3分	5				
		认真完成"做一做"中的学习笔记，缺扣5分，迟交扣3分	5				

合计：

工作质量

序号	考核项目	评分标准	配分	自评得分（20%）	互评得分（20%）	教师评价（60%）	得分
1	说一说触摸开关LED灯的电路工作原理	抽查口试，回答错、漏一处扣3分	10				
2	元器件检查	15 min内完成所有元器件的清点、检测及调换。规定时间以外更换元器件扣3分	15				
3	组装焊接	1）整形、安装或焊点不规范，一处扣1分。 2）焊接电路完成后需仔细核对元器件，尤其是对多引脚元器件和有极性元器件的核对，元器件极性放错一个扣2分。 3）少线、错线及布局不美观，一处扣1分	30				
4	电路调试	1）电源接入错误扣10分。 2）手触摸开关"开"时，LED灯不亮扣10分。 3）手触摸开关"关"时，LED灯被点亮扣10分	30				

续表

序号	考核项目	评分标准	配分	自评得分（20%）	互评得分（20%）	教师评价（60%）	得分
5	电路安装时间	提前正确完成，每5 min加2分。超过定额时间，每5 min扣2分	15				
6	工时：200 min						
						合计：	
工作行为（20%）		工作质量（80%）				总得分	

指导教师签字：

说明：1) 工作行为部分主要由小组成员自评、互评和实训指导教师评价相结合，实行百分制。

2) 工作质量部分主要由小组成员自评、互评和实训指导教师评价相结合，实行百分制

❖ 同步练习

一、填空题

1. 触摸开关LED，是科技发展进步的一种_____。它一般是指应用_____设计而成的一种墙壁开关，是传统机械按键式墙壁开关的换代产品，能实现_____、操作更方便的功能，有传统开关不可比拟的优势，是家居产品的非常流行的一种装饰性开关。

2. 触摸开关LED电路是采用_____电路原理，即_____能够长期保持在一种状态，当输入端触发时可切换到_____状态并保持。

二、思考题

1. 触摸开关LED灯电路由哪些基本元器件组成？
2. 描述触摸开关LED灯电路的工作原理。

＊任务4-7 水满声光报警器的制作

❖ 任务实施内容

一、学一学

水满声光报警器电路的基本组成。

二、看一看

水满声光报警器电路的元件实物连接图和原理图。

三、讲一讲

水满声光报警器的组成图和电路的作用。

四、做一做

工作任务实施如表 4-19 所示。

表 4-19 工作任务实施

项目序号		日期		教师	
任务名称		水满声光报警器的制作		任务课时	4
工作地点及设备材料		电子线路焊接实训室，多媒体设备，电烙铁、尖嘴钳、剪刀、平嘴钳、铆钉板、导线、元器件若干和焊锡丝			
教学目标 （操作技能和相关知识）		1）了解水满声光报警器电路实物图和原理图。 2）了解水满声光报警器制作方法。 3）能说明水满声光报警器电路的作用，提高识图能力			

❖ 任务实施步骤

一、准备知识

（1）电路分析基本知识。

（2）模拟电子技术基本知识。

二、训练内容

（1）画出水满声光报警器电路原理图。

（2）说明水满声光报警器电路的作用。

三、材料及工具

电烙铁、尖嘴钳、剪刀、平嘴钳、铆钉板、导线、元器件若干和焊锡丝。

四、训练步骤

（1）在焊接电路之前，必须按照元器件清单逐个对元器件进行测量，确保它们质量良好。

（2）观察元器件在电路板上的整体布局。

（3）根据电路板插孔的位置宽度，使元器件引脚成型。

（4）确定元器件插装位置和极性后，就可按由左至右、自上而下的顺序，按照电路的装配图对元器件逐一进行插装焊接；元器件焊接完成后，检查无误，可进行导线连接。

（5）电路的检查。整个电路焊接完毕后，还应再次对电路进行检查，确保元器件没有错接、漏接、虚焊，电路没有开路、短路以及桥接等现象。

五、电路的调试与检测

测试结果记入表 4-20 中。

表 4-20　实训数据记录

B 点的状态	发光二极管 LED 的现象	扬声器 BL 的现象
当水面处于 B 点以下时		
当水面上升到达 B 点时		
调试电路中出现的故障及排除方法		

六、学习笔记

❖ 任务评价

任务评价分为工作行为评价及工作质量评价，工作行为占比 20%，工作质量占比 80%。每项评分由自评、互评和教师评价 3 部分组成。其中，自评得分占比为 20%、互评得分占比为 20%，教师评价占比为 60%。

工作任务评价表如表 4-21 所示。

表 4-21 工作任务评价表

	工作行为
项目序号			日期		班级	
任务名称					姓名	
序号	项目	内容及标准	分值	自评得分（20%）	互评得分（20%）	教师评价（60%）	合计
1	安全文明操作	安全：人身安全	5				
		操作安全	5				
		仪器工具无损坏	5				
		岗位：不离岗、不串岗	5				
		保持岗位整洁性（工作台上工具仪器摆放规范，无灰尘，不摆放无关物品；工作台下地面清洁）	10				
		遵守工作场所制度	10				
		规程：按任务步骤工作，文明工作，文明检修	10				
		材料：工完料清，不浪费材料	10				
2	工作态度	积极、主动、认真完成工作任务	10				
		个人任务独立完成	10				
		小组项目团结协作共同完成	10				
3	工作记录	完整填写"做一做"中的工作任务实施表，缺扣5分，迟交扣3分	5				
		认真完成"做一做"中的学习笔记，缺扣5分，迟交扣3分	5				
						合计：	
	工作质量
序号	考核项目	评分标准	配分	自评得分（20%）	互评得分（20%）	教师评价（60%）	得分
1	说一说水满声光报警器的电路工作原理	抽查测试，检测错、漏一处扣3分	10				

续表

序号	考核项目	评分标准	配分	自评得分（20%）	互评得分（20%）	教师评价（60%）	得分
2	元器件检查	15 min 内完成所有元器件的清点、检测及调换。规定时间以外更换元器件扣 3 分	15				
3	组装焊接	1）整形、安装或焊点不规范，一处扣 1 分。 2）焊接电路完成后需仔细核对元器件，尤其是对多引脚元器件和有极性元器件的核对，元器件极性放错一个扣 2 分。 3）少线、错线及布局不美观，一处扣 1 分	30				
4	电路调试	1）电源接入错误扣 10 分。 2）水位到达指定 B 点时，LED 灯不亮、扬声器不发声扣 10 分。 3）水位处于 B 点以下时，LED 灯被点亮、扬声器发声扣 10 分	30				
5	电路安装时间	提前正确完成，每 5 min 加 2 分。超过定额时间，每 5 min 扣 2 分	15				
6	工时：200 min						
						合计：	
工作行为（20%）		工作质量（80%）				总得分	

指导教师签字：

说明：1）工作行为部分主要由小组成员自评、互评和实训指导教师评价相结合，实行百分制。

　　　2）工作质量部分主要由小组成员自评、互评和实训指导教师评价相结合，实行百分制

❖ 同步练习

一、填空题

1. 互补型自激多谐音频振荡器是由_____与_____两个互补的管子，利用_____和_____在这两管间构成一个_____，并利用自身间的反馈使这两只管子

_____导通或_____而达到振荡的目的。

2. 振荡器简单地说就是一个频率源,一般分为_____和_____两种。

二、思考题

1. 水满声光报警器电路由哪些基本元器件组成?
2. 描述水满声光报警器电路的工作原理。

项目五 晶闸管可控整流电路的制作

任务 晶闸管可控整流电路的制作

❖ **任务实施内容**

一、学一学

晶闸管可控整流电路的基本组成。

二、看一看

晶闸管可控整流电路的元器件实物连接图和原理图。

三、讲一讲

晶闸管可控整流电路的组成图和电路的作用。

四、做一做

工作任务实施如表 5-1 所示。

表 5-1 工作任务实施

项目序号		日期		教师	
项目名称		晶闸管可控整流电路的制作		任务课时	5
工作地点及设备材料		电子线路焊接实训室，多媒体设备，电烙铁、尖嘴钳、剪刀、平嘴钳、铆钉板、导线、元器件若干和焊锡丝			
教学目标 （操作技能和相关知识）		1）了解晶闸管可控整流电路实物图和原理图。 2）了解晶闸管可控整流电路制作方法。 3）能说明晶闸管可控整流电路的作用，提高识图能力			

❖ **任务实施步骤**

一、准备知识

（1）电路分析基本知识。

（2）模拟电子技术基本知识。

二、训练内容

（1）阐述晶闸管的 3 种工作特性。

（2）阐述单结管振荡电路（晶闸管触发电路）的工作原理。

（3）画出晶闸管可控整流电路原理图。

（4）阐述晶闸管可控整流电路的工作原理。

三、材料及工具

电烙铁、尖嘴钳、剪刀、平嘴钳、铆钉板、导线、元器件若干和焊锡丝。

四、训练步骤

（1）在焊接电路之前，必须按照元器件清单逐个对元器件进行测量，确保它们质量良好。

（2）观察元器件在电路板上的整体布局。

（3）根据电路板插孔的位置宽度，使元器件引脚成型。

（4）确定元器件插装位置和极性后，就可按由左至右、自上而下的顺序，按照电路的装配图对元器件逐一进行插装焊接；元器件焊接完成后，检查无误，可进行导线连接。

（5）电路的检查。整个电路焊接完毕后，还应再次对电路进行检查，确保元器件没有错接、漏接、虚焊，电路没有开路、短路以及桥接等现象。

五、晶闸管调光电路的调试

（1）通电调试。晶闸管调光电路分主电路和单结晶体管触发电路两大部分。因而通电调试也分成两个步骤，首先调试单结晶体管触发电路，然后再将主电路与单结晶体管触发电路连接，进行整体综合调试。

（2）单结晶体管触发电路测试。

断开主电路（把灯泡取下），然后接通 24 V 电源，用万用表依次测量并用双踪示波器依次观察，记录交流电压 u_2、整流输出电压 u_1（$I-O$）、削波电压 u_W（$W-O$）、锯齿波电压 u_e（$e-O$）、触发输出电压 $u_{b1} = u_{R_4}$（b_1-O），记入表 5-2 中。改变电位器 R_P 的阻值，观察 u_e（$e-O$）及 u_{b1}（b_1-O）波形的变化。

表 5-2 单结晶体管触发电路测试表

名称	电压值（万用表测量）	波形记录（双踪示波器观察）
u_2		
u_1（$I-O$）		
u_W（$W-O$）		
u_e（$e-O$）		
u_{b1}（b_1-O）		
调试电路中出现的故障及排除方法		

(3) 可控整流电路测试。

先断开电源，接入负载灯泡 R_L，再接通电源 24 V，调节电位器 R_P，使电灯由暗到中等亮，再到最亮，用万用表测量晶闸管两端电压 u_{VTH_1} 和负载两端电压 u_L，用双踪示波器观察晶闸管两端电压 u_{VTH_1}、负载两端电压 u_L 波形，记入表 5-3 中。

表 5-3 可控整流电路测试表

名称	电压值 （万用表测量）			波形记录 （双踪示波器观察）		
	暗	较亮	最亮	暗	较亮	最亮
U_{VTH_1}						
u_L						
调试电路中出现的故障及排除方法						

(4) 晶闸管调光电路的故障分析及处理。

u_L 计算公式为 $u_L = 0.9 u_2 \dfrac{1+\cos\alpha}{2}$，晶闸管调光电路在安装、调试及运行中，由于器件及焊接等原因产生故障，可根据故障现象，用万用表、双踪示波器等仪器进行检查测量并根据电路原理进行分析，找出故障原因并进行处理。

(5) 对实训数据 u_L 与理论计算数据进行比较，α 的参数为 110°，并分析产生误差原因。

六、学习笔记

_____
_____
_____
_____
_____
_____
_____

❖ 任务评价

任务评价分为工作行为评价及工作质量评价，工作行为占比 20%，工作质量占比 80%。每项评分由自评、互评和教师评价 3 部分组成。其中，自评得分占比为 20%、互评得分占比为 20%，教师评价占比为 60%。

工作任务评价表如表 5-4 所示。

表 5-4 工作任务评价表

工作行为							
项目序号			日期		班级		
任务名称					姓名		
序号	项目	内容及标准	分值	自评得分（20%）	互评得分（20%）	教师评价（60%）	合计
1	安全文明操作	安全：人身安全	5				
		操作安全	5				
		仪器工具无损坏	5				
		岗位：不离岗、不串岗	5				
		保持岗位整洁性（工作台上工具仪器摆放规范，无灰尘，不摆放无关物品；工作台下地面清洁）	10				
		遵守工作场所制度	10				
		规程：按任务步骤工作，文明工作，文明检修	10				
		材料：工完料清，不浪费材料	10				
2	工作态度	积极、主动、认真完成工作任务	10				
		个人任务独立完成	10				
		小组项目团结协作共同完成	10				
3	工作记录	完整填写"做一做"中的工作任务实施表，缺扣 5 分，迟交扣 3 分	5				
		认真完成"做一做"中的学习笔记，缺扣 5 分，迟交扣 3 分	5				
						合计：	
工作质量							
序号	考核项目	评分标准	配分	自评得分（20%）	互评得分（20%）	教师评价（60%）	得分
1	说一说晶闸管的 3 种工作特性	抽查测试，回答错、漏一处扣 2 分	5				
2	说一说单结管振荡电路（晶闸管触发电路）的工作原理	抽查口试，回答错、漏一处扣 3 分	5				

续表

序号	考核项目	评分标准	配分	自评得分（20%）	互评得分（20%）	教师评价（60%）	得分
3	说一说晶闸管可控整流电路的工作原理	抽查口试，回答错、漏一处扣3分	5				
4	元器件检查	15 min 内完成所有元器件的清点、检测及调换。规定时间以外更换元器件扣3分	15				
5	组装焊接	1）整形、安装或焊点不规范，一处扣1分。 2）焊接电路完成后需仔细核对元器件，尤其是对多引脚元器件和有极性元器件的核对，元器件极性放错一个扣2分。 3）少线、错线及布局不美观，一处扣1分	30				
6	电路调试	1）电源接入错误扣5分，灯泡接入错误扣5分。 2）用万用表依次测量和用双踪示波器依次观察交流电压 u_2、整流输出电压 u_1（I-O）、削波电压 u_W（W-O）、锯齿波电压 u_e（e-O）、触发输出电压 $u_{b_1}=u_{R_4}$（b_1-O），测错一处扣2分。 3）调节电位器 R_P，使电灯由暗到中等亮，再到最亮，用万用表测量晶闸管两端电压 u_{VTH_1} 和负载两端电压 u_L，用双踪示波器观察晶闸管两端电压 u_{VTH_1}、负载两端电压 u_L 波形，测错一处扣2分	30				
7	电路安装时间	提前正确完成，每5 min加2分。超过定额时间，每5 min扣2分	10				
8	工时：200 min						
						合计：	

续表

工作行为（20%）	工作质量（80%）	总得分

指导教师签字：

说明：1）工作行为部分主要由小组成员自评、互评和实训指导教师评价相结合，实行百分制。

2）工作质量部分主要由小组成员自评、互评和实训指导教师评价相结合，实行百分制

❖ 同步练习

一、填空题

1. 晶闸管又称为_____，具有用_____控制_____的特点。

2. 晶闸管的内部有_____PN 结，外引出 3 个电极，分别为_____、_____和_____。

3. 晶闸管具有正向_____和反向_____的特性。使晶闸管导通的条件是在_____之间接_____，在_____之间也接_____。

4. 正向阻断如图 5-1 所示，a、k 之间加正向电压，即晶闸管阳极 a 接电源_____，阴极 k 接电源_____。开关 S 断开，此时小灯泡_____。

5. 触发导通如图 5-2 所示，a、k 之间加正向电压，在控制极 g 上加正向_____，阴极 k 接电源_____，且开关 S 闭合，此时小灯泡_____

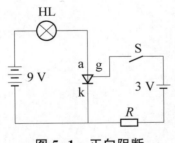

图 5-1　正向阻断

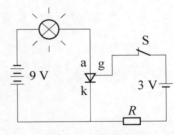

图 5-2　触发导通

6. 反向阻断如图 5-3 所示，a、k 之间加反向电压，即晶闸管阳极 a 接电源_____，阴极 k 接电源_____，此时不论开关 S 闭合与否，灯泡始终_____。

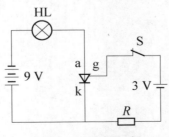

图 5-3　反向阻断

二、思考题

1. 为什么说晶闸管具有弱电控制强电的作用？
2. 请描述单相半控桥式整流电路的组成和工作原理。
3. 单结晶体管导通、截止的条件是什么？
4. 简述单结晶体管与 RC 回路能构成振荡电路的工作原理。

项目六　三人表决器电路的制作

任务　三人表决器电路的制作

❖ **任务实施内容**

一、学一学
三人表决器电路的基本组成元器件。

二、看一看
三人表决器电路的元器件实物连接图和原理图。

三、讲一讲
三人表决器电路的组成和工作原理。

四、做一做
工作任务实施如表 6-1 所示。

表 6-1　工作任务实施

项目序号		日期		教师	
项目名称		三人表决器电路的制作		任务课时	8
工作地点及设备材料		电子线路焊接实训室，多媒体设备，电烙铁、尖嘴钳、剪刀、平嘴钳、铆钉板、导线、元器件若干和焊锡丝			
教学目标 （操作技能和相关知识）		1）了解三人表决器电路实物图和原理图。 2）了解三人表决器电路制作方法。 3）能说明三人表决器电路的作用，提高识图能力			

❖ **任务实施步骤**

一、准备知识
（1）电路分析基本知识。
（2）电子技术基本知识。

二、训练内容

(1) 列出三人表决器电路真值表。
(2) 画出用"与非门"构成的逻辑电路图。
(3) 画出三人表决器电路原理图。
(4) 阐述三人表决器电路的原理。

三、材料及工具

电烙铁、尖嘴钳、剪刀、平嘴钳、铆钉板、导线、元器件若干和焊锡丝。

四、训练步骤

(1) 在焊接电路之前,必须按照元器件清单逐个对元器件进行测量,确保它们质量良好。
(2) 观察元器件在电路板上的整体布局。
(3) 根据电路板插孔的位置宽度,使元器件引脚成型。
(4) 确定元器件插装位置和极性后,就可按由左至右、自上而下的顺序,按照电路的装配图对元器件逐一进行插装焊接;元器件焊接完成后,检查无误,可进行导线连接。
(5) 电路的检查。整个电路焊接完毕后,还应再次对电路进行检查,确保元器件没有错接、漏接、虚焊,电路没有开路、短路以及桥接等现象。

五、三人表决器电路的调试

(1) 当三人表决某人的提案时,若有两人或两人以上同意,则提案通过,电路板上 LED 灯亮;同意时按下按键,用输入"1"表示,不同意时用输入"0"表示;提案通过用输出"1"表示,提案不通过用输出"0"表示。表决意见,得出结果,记入表 6-2 中。

表 6-2 实训数据记录

输入			输出	结果
A	B	C	Y	(LED 灯是否被点亮)
调试电路中出现的故障及排除方法				

(2)三人表决器电路的故障分析及处理。

三人表决器电路在安装、调试及运行中，由于元器件及焊接等原因产生故障，可根据故障现象，用万用表进行检查测量并根据电路原理进行分析，找出故障原因并进行处理。

六、学习笔记

_____
_____
_____
_____
_____
_____

❖ 任务评价

任务评价分为工作行为评价及工作质量评价，工作行为占比 20%，工作质量占比 80%。每项评分由自评、互评和教师评价 3 部分组成。其中，自评得分占比为 20%、互评得分占比为 20%，教师评价占比为 60%。

工作任务评价表如表 6-3 所示。

表 6-3 工作任务评价表

工作行为							
项目序号			日期		班级		
任务名称					姓名		
序号	项目	内容及标准	分值	自评得分（20%）	互评得分（20%）	教师评价（60%）	合计
1	安全文明操作	安全：人身安全	5				
		操作安全	5				
		仪器工具无损坏	5				
		岗位：不离岗、不串岗	5				
		保持岗位整洁性（工作台上工具仪器摆放规范，无灰尘，不摆放无关物品；工作台下地面清洁）	10				
		遵守工作场所制度	10				
		规程：按任务步骤工作，文明工作，文明检修	10				
		材料：工完料清，不浪费材料	10				

续表

序号	项目	内容及标准	分值	自评得分（20%）	互评得分（20%）	教师评价（60%）	合计
2	工作态度	积极、主动、认真完成工作任务	10				
		个人任务独立完成	10				
		小组项目团结协作共同完成	10				
3	工作记录	完整填写"做一做"中的工作任务实施表，缺扣5分，迟交扣3分	5				
		认真完成"做一做"中的学习笔记，缺扣5分，迟交扣3分	5				
						合计：	

工作质量

序号	考核项目	评分标准	配分	自评得分（20%）	互评得分（20%）	教师评价（60%）	得分
1	列出三人表决器电路真值表	列错一处扣1分	5				
2	说一说三人表决器电路的工作原理	抽查口试，回答错、漏一处扣3分	5				
3	元器件检查	15 min 内完成所有元器件的清点、检测及调换。规定时间以外更换元器件扣3分	15				
4	组装焊接	1）整形、安装或焊点不规范，一处扣1分。 2）焊接电路完成后需仔细核对元器件，尤其是对多引脚元器件和有极性元器件的核对，元器件极性放错一个扣2分。 3）少线、错线及布局不美观，一处扣1分	30				

续表

序号	考核项目	评分标准	配分	自评得分（20%）	互评得分（20%）	教师评价（60%）	得分
5	电路调试	1）电源接入错误扣10分。 2）有两人或两人以上同意，提案通过，电路板上 LED 灯不亮扣10分。 3）有一人同意，提案不通过，电路板上 LED 灯被点亮扣10分。	30				
6	电路安装时间	提前正确完成，每5 min 加2分。超过定额时间，每5 min 扣2分	15				
7	工时：320 min						
						合计：	
工作行为（20%）		工作质量（80%）				总得分	

指导教师签字：

说明：1）工作行为部分主要由小组成员自评、互评和实训指导教师评价相结合，实行百分制。
　　　2）工作质量部分主要由小组成员自评、互评和实训指导教师评价相结合，实行百分制

❖ 同步练习

一、填空题

1. 组合逻辑电路是由_____、_____、_____和_____等几种逻辑电路组合而成的。

2. 逻辑电路按其逻辑功能和结构特点可分为两大类，一类为_____，另一类为_____。

3. 组合逻辑电路不具有_____功能，它的输出直接由电路的_____决定，与输入信号前的_____无关。

4. 组合逻辑电路的一般读图分析方法和步骤为（1）由逻辑电路图写出_____；（2）_____；（3）列出_____，然后分析_____。

二、思考题

1. 组合逻辑电路的特点是什么？如何对组合逻辑电路进行读图分析？

2. 分析图 6-1 所示的组合逻辑电路的逻辑功能，写出逻辑函数表达式。

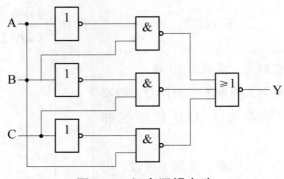

图 6-1 组合逻辑电路

3. 组合逻辑电路的设计应如何进行？

项目七　两位按键计数器的制作

任务　两位按键计数器的制作

❖ 任务实施内容

一、学一学
两位按键计数器电路的基本组成。

二、看一看
两位按键计数器电路的元器件实物连接图和原理图。

三、讲一讲
两位按键计数器电路的组成和工作原理。

四、做一做
工作任务实施如表7-1所示。

表7-1　工作任务实施

项目序号		日期		教师	
项目名称		两位按键计数器的制作		任务课时	6
工作地点及设备材料		电子线路焊接实训室，多媒体设备，电烙铁、尖嘴钳、剪刀、平嘴钳、铆钉板、导线、元器件若干和焊锡丝			
教学目标 （操作技能和相关知识）		1）了解两位按键计数器电路实物图和原理图。 2）了解两位按键计数器电路制作方法。 3）能说明两位按键计数器电路的作用，提高识图能力			

❖ 任务实施步骤

一、准备知识
（1）电路分析基本知识。

（2）电子技术基本知识。

二、训练内容

（1）画出两位按键计数器电路原理图。

（2）阐述 CD4026 芯片的各引脚功能。

（3）画出共阴极和共阳极 LED 数码管的内部电路图，并阐述两者的区别。

（4）阐述两位按键计数器电路的原理。

三、材料及工具

电烙铁、尖嘴钳、剪刀、平嘴钳、铆钉板、导线、元器件若干和焊锡丝。

四、训练步骤

（1）在焊接电路之前，必须按照元器件清单逐个对元器件进行测量，确保它们质量良好。

（2）观察元器件在电路板上的整体布局。

（3）根据电路板插孔的位置宽度，使元器件引脚成型。

（4）确定元器件插装位置和极性后，就可按由左至右、自上而下的顺序，按照电路的装配图对元器件逐一进行插装焊接；元器件焊接完成后，检查无误，可进行导线连接。

（5）电路的检查。整个电路焊接完毕后，还应再次对电路进行检查，确保元器件没有错接、漏接、虚焊，电路没有开路、短路以及桥接等现象。

五、两位按键计数器电路的功能测试

（1）测试结果记入表 7-2 中。

表 7-2　实训数据记录

INH	CR	DEI	CP	数码管显示字型
0	0	1	没按下	
0	0	1	按 1 下	
0	0	1	按 2 下	
0	0	1	按 3 下	
0	0	1	按 4 下	
0	0	1	按 5 下	
0	0	1	按 6 下	
0	0	1	按 7 下	
0	0	1	按 8 下	
0	0	1	按 9 下	
调试电路中出现的故障及排除方法				

（2）两位按键计数器电路的故障分析及处理。

电路在安装、调试及运行中，由于元器件及焊接等原因产生故障，可根据故障现象，用万用表进行检查测量并根据电路原理进行分析，找出故障原因并进行处理。

六、学习笔记

_____
_____
_____
_____
_____
_____
_____

❖ 任务评价

任务评价分为工作行为评价及工作质量评价，工作行为占比20%，工作质量占比80%。每项评分由自评、互评和教师评价3部分组成。其中，自评得分占比为20%、互评得分占比为20%，教师评价占比为60%。

工作任务评价表如表7-3所示。

表7-3 工作任务评价表

工作行为							
项目序号			日期		班级		
任务名称					姓名		
序号	项目	内容及标准	分值	自评得分（20%）	互评得分（20%）	教师评价（60%）	合计
1	安全文明操作	安全：人身安全	5				
		操作安全	5				
		仪器工具无损坏	5				
		岗位：不离岗、不串岗	5				
		保持岗位整洁性（工作台上工具仪器摆放规范，无灰尘，不摆放无关物品；工作台下地面清洁）	10				
		遵守工作场所制度	10				
		规程：按任务步骤工作，文明工作，文明检修	10				
		材料：工完料清，不浪费材料	10				

续表

序号	项目	内容及标准	分值	自评得分（20%）	互评得分（20%）	教师评价（60%）	合计
2	工作态度	积极、主动、认真完成工作任务	10				
		个人任务独立完成	10				
		小组项目团结协作共同完成	10				
3	工作记录	完整填写"做一做"中的工作任务实施表，缺扣5分，迟交扣3分	5				
		认真完成"做一做"中的学习笔记，缺扣5分，迟交扣3分	5				
						合计：	

工作质量

序号	考核项目	评分标准	配分	自评得分（20%）	互评得分（20%）	教师评价（60%）	得分
1	说一说CD4026芯片的各引脚功能	抽查口试，说错一处扣1分	5				
2	说一说两位按键计数器电路的原理	抽查口试，说错一处扣2分	5				
3	元器件检查	15 min 内完成所有元器件的清点、检测及调换。规定时间以外更换元器件扣3分	15				
4	组装焊接	1) 整形、安装或焊点不规范，一处扣1分。 2) 焊接电路完成后需仔细核对元器件，尤其是对多引脚元器件和有极性元器件的核对，元器件极性放错一个扣2分。 3) 少线、错线及布局不美观，一处扣1分	30				
5	电路调试	1) 电源接入错误扣10分。 2) 按下按键，LED数码管数字不递增、无变化扣20分	30				

续表

序号	考核项目	评分标准	配分	自评得分（20%）	互评得分（20%）	教师评价（60%）	得分
6	电路安装时间	提前正确完成，每 5 min 加 2 分。超过定额时间，每 5 min 扣 2 分	15				
7	工时：240 min						
						合计：	
工作行为（20%）		工作质量（80%）				总得分	

指导教师签字：

说明：1）工作行为部分主要由小组成员自评、互评和实训指导教师评价相结合，实行百分制。

2）工作质量部分主要由小组成员自评、互评和实训指导教师评价相结合，实行百分制

❖ 同步练习

一、填空题

1. CD4026 芯片具有_____，可将计数器的十进制计数转换为驱动数码管显示的_____。

2. CD4026 是一款同时兼备_____和_____两大功能的芯片。

3. 半导体数码管的 7 个发光二极管内部接法可分为_____和_____两类。

4. 共阴极接法中将各发光二极管的_____，a~g 引脚置于高电平线段_____。

5. 共阳极接法中将各发光二极管的_____，a~g 引脚置于低电平线段_____。

6. 对于共阴极的数码管，测量时_____接数码管的_____，黑表笔分别接_____，万用表指针向_____偏转。

7. 对于共阳极的数码管，测量时_____接数码管的_____，红表笔分别接_____，万用表指针向_____偏转。

二、思考题

1. 阐述两位按键计数器的工作原理。

2. 当按下按键，有时数码管上的数字会出现连续多加几位的现象，是什么原因造成的？如何解决这个问题？

项目八　小型扩音器的制作

任务　小型扩音器的制作

❖ **任务实施内容**

一、学一学

小型扩音器电路的基本组成。

二、看一看

小型扩音器电路的元器件实物连接图和原理图。

三、讲一讲

小型扩音器电路的组成和工作原理。

四、做一做

工作任务实施如表 8-1 所示。

表 8-1　工作任务实施

项目序号		日期		教师	
项目名称		小型扩音器的制作		任务课时	6
工作地点及设备材料		电子线路焊接实训室，多媒体设备，电烙铁、尖嘴钳、剪刀、平嘴钳、铆钉板、导线、元器件若干和焊锡丝			
教学目标 （操作技能和相关知识）		1）了解小型扩音器电路实物图和原理图。 2）了解小型扩音器电路制作方法。 3）能说明小型扩音器电路的作用，提高识图能力			

❖ **任务实施步骤**

一、准备知识

（1）电路分析基本知识。

（2）电子技术基本知识。

二、训练内容

（1）画出小型扩音器电路原理图。
（2）阐述 LM386 芯片各引脚的功能及作用。
（3）阐述小型扩音器电路的原理。

三、材料及工具

电烙铁、尖嘴钳、剪刀、平嘴钳、铆钉板、导线、元器件若干和焊锡丝。

四、训练步骤

（1）在焊接电路之前，必须按照元器件清单逐个对元器件进行测量，确保它们质量良好。
（2）观察元器件在电路板上的整体布局。
（3）根据电路板插孔的位置宽度，使元器件引脚成型。
（4）确定元器件插装位置和极性后，就可按由左至右、自上而下的顺序，按照电路的装配图对元器件逐一进行插装焊接；元器件焊接完成后，检查无误，可进行导线连接。
（5）电路的检查。整个电路焊接完毕后，还应再次对电路进行检查，确保元件没有错接、漏接、虚焊，电路没有开路、短路以及桥接等现象。

五、小型扩音器电路的功能测试

（1）测试结果记入表 8-2 中。

表 8-2　实训数据记录

传声器状态	扬声器 BL 的现象
当无声音信号时	
当有声音信号时	
调试电路中出现的故障及排除方法	

（2）小型扩音器电路的故障分析及处理。

电路在安装、调试及运行中，由于元器件及焊接等原因产生故障，可根据故障现象，用万用表进行检查测量并根据电路原理进行分析，找出故障原因并进行处理。

六、学习笔记

❖ **任务评价**

任务评价分为工作行为评价及工作质量评价，工作行为占比20%，工作质量占比80%。每项评分由自评、互评和教师评价3部分组成。其中，自评得分占比为20%、互评得分占比为20%，教师评价占比为60%。

工作任务评价表如表8-3所示。

表8-3 工作任务评价表

工作行为							
项目序号		日期		班级			
任务名称				姓名			
序号	项目	内容及标准	分值	自评得分（20%）	互评得分（20%）	教师评价（60%）	合计
1	安全文明操作	安全：人身安全	5				
		操作安全	5				
		仪器工具无损坏	5				
		岗位：不离岗、不串岗	5				
		保持岗位整洁性（工作台上工具仪器摆放规范，无灰尘，不摆放无关物品；工作台下地面清洁）	10				
		遵守工作场所制度	10				
		规程：按任务步骤工作，文明工作，文明检修	10				
		材料：工完料清，不浪费材料	10				
2	工作态度	积极、主动、认真完成工作任务	10				
		个人任务独立完成	10				
		小组项目团结协作共同完成	10				
3	工作记录	完整填写"做一做"中的工作任务实施表，缺扣5分，迟交扣3分	5				
		认真完成"做一做"中的学习笔记，缺扣5分，迟交扣3分	5				
						合计：	

续表

		工作质量				
序号	考核项目	评分标准	配分	自评得分（20%）	互评得分（20%）	教师评价（60%）	得分
1	说一说 LM386 芯片各引脚的功能	抽查口试，说错一处扣 5 分	5				
2	说一说 LM386 芯片各引脚的作用	抽查口试，说错一处扣 5 分	5				
3	说一说小型扩音器电路原理	抽查口试，说错一处扣 10 分	5				
4	元器件检查	15 min 内完成所有元器件的清点、检测及调换。规定时间以外更换元器件扣 3 分	10				
5	组装焊接	1）整形、安装或焊点不规范，一处扣 1 分。 2）焊接电路完成后需仔细核对元器件，尤其是对多引脚元器件和有极性元器件的核对，元器件极性放错一个扣 2 分。 3）漏线、错线及布局不美观，一处扣 1 分	30				
6	电路调试	1）电源接入错误扣 10 分。 2）当有声音信号传入传声器时，扬声器无反应扣 20 分	30				
	电路安装时间	提前正确完成，每 5 min 加 2 分。超过定额时间，每 5 min 扣 2 分	15				
7	工时：240 min						
						合计：	
工作行为（20%）			工作质量（80%）			总得分	

指导教师签字：

说明：1）工作行为部分主要由小组成员自评、互评和实训指导教师评价相结合，实行百分制。

2）工作质量部分主要由小组成员自评、互评和实训指导教师评价相结合，实行百分制

❖ 同步练习

一、填空题

1. LM386是一种_____，具有_____、更新内链增益可调整、电源电压范围大、_____和总谐波失真小等优点的功率放大器，广泛应用于_____和_____之中。
2. LM386音频输入有两个引脚，分别是第_____和第_____。
3. LM386音频输出端没有正、负极的说法，只有一个引脚，就是第_____。
4. 第1引脚和第8引脚是_____。LM386有20~200倍的放大倍数，设置倍数的大小要用到第1引脚和第8引脚的增益设置端。如果第1引脚和第8引脚两端口悬空，则放大倍数是_____倍，如果在第1引脚和第8引脚上加10 pF电容，放大倍数即成_____倍。
5. 第7引脚是旁路接口，它的功能是_____。音频电路里都会有噪声，特别是在电源开关的瞬间。

二、思考题

1. 请描述简单小型扩音器电路由哪些基本元器件组成。
2. 请描述简单小型扩音器电路的工作原理。